"十二五"普通高等教育本科国家级规划教材

有机化学实验

第二版

孔祥文　主编
贾宏敏　王　鹏　吕　丹　副主编

化学工业出版社
·北京·

《有机化学实验》(第二版)是"十二五"普通高等教育本科国家级规划教材,全书共 5 章,分别为有机化学实验的基础知识、基本操作、有机化合物的制备与鉴定、研究性、设计性和开放性实验等,共列入 52 个实验。为切实提高学生的操作能力,本书第 2 章在每类基本操作后都给出具体实验进行操作练习。

《有机化学实验》(第二版)可作为高等院校化学、应用化学、化工、轻工、石油、纺织、材料、药学、环境、生物、食品、制药、安全、高分子、林产、冶金、农学等专业的教材,也可作为其他相关专业的教学用书或参考书,亦可作为相关行业工程技术人员的参考书。

图书在版编目(CIP)数据

有机化学实验/孔祥文主编. —2 版. —北京:
化学工业出版社,2018.8(2023.3 重印)
"十二五"普通高等教育本科国家级规划教材
ISBN 978-7-122-32257-9

Ⅰ.①有⋯ Ⅱ.①孔⋯ Ⅲ.①有机化学-化学实验-高等学校-教材 Ⅳ.①O62-33

中国版本图书馆 CIP 数据核字(2018)第 110622 号

责任编辑:宋林青 金 杰 　　　　　文字编辑:刘志茹
责任校对:王 静 　　　　　　　　　装帧设计:关 飞

出版发行:化学工业出版社(北京市东城区青年湖南街 13 号 邮政编码 100011)
印　　装:北京虎彩文化传播有限公司
787mm×1092mm 1/16 印张 9½ 字数 232 千字 2023 年 3 月北京第 2 版第 4 次印刷

购书咨询:010-64518888 　　　　　　售后服务:010-64518899
网　　址:http://www.cip.com.cn
凡购买本书,如有缺损质量问题,本社销售中心负责调换。

定　价:28.00 元 　　　　　　　　　　　　　　　　　　　版权所有　违者必究

前　言

本书是"十二五"普通高等教育本科国家级规划教材，曾获中国石油和化学工业出版物奖（教材奖）一等奖，是辽宁省级《有机化学》精品课程的配套教材和辽宁省教育科学"十二五"规划立项课题（JG14DB334）的研究成果之一。其第一版以鲜明的特色得到了高校师生的广泛认可，先后有多所高校采用本书作为教材，在短短的几年时间内多次印刷。在使用本书过程中，广大师生提出了许多宝贵的意见和建议，又鉴于近年来有机化学学科不断取得新的发展，教学改革与实践不断深入，因此有必要对本书进行修订，以求更加完善。

在保留第一版特色的同时，对原书进行了较大范围的修订，主要体现在以下几个方面。

（1）第3章增补了"实验32 邻苯二甲酸二丁酯的制备"，除了学习邻苯二甲酸二丁酯的制备原理和方法外，还将回流、减压蒸馏、分水器的装置和操作等集中训练，培养学生的综合实践能力。实验33既可了解乳液聚合原理及特点，又可熟悉聚合物乳胶的制备方法。

（2）多步骤有机合成中，将合成的产物再做原料，经过多种不同的反应过程和手段转化为新的产品，可以激发学生的学习兴趣，使学生掌握各类有机反应机理，各类官能团的相互转化方法，全面了解有机化合物的内在关系，提高学生独立应用、独立实验的能力。本书第3章增加了多步连续的合成实验，分别是己内酰胺的合成（包括环己酮、环己酮肟和己内酰胺三部分），局麻药对氨基苯甲酸乙酯的合成（包括对甲基乙酰苯胺、对乙酰氨基苯甲酸、对氨基苯甲酸、对氨基苯甲酸乙酯四部分）。

（3）开放性创新实验是以问题为基础的研究性实验。本书第5章增加了"实验47 2-庚酮的制备"，旨在面向本科生开放，推进以问题为核心的课外探究性实践性学习，激发学生的学习兴趣及研究问题的主动性。

本书可作为高等院校化学、应用化学、化工、轻工、石油、纺织、材料、药学、环境、生物、食品、制药、安全、高分子、林产、冶金、农学等专业教材，也可作为其他相关专业的教学用书或参考书，亦可作为相关行业工程技术人员的参考用书。

本书由孔祥文任主编，贾宏敏、王鹏、吕丹任副主编。参加修订和增补的人员有：沈阳化工大学的孔祥文、由立新、于秀兰、崔天放、王晓丹、滕雅娣、盛永刚、任保轶；辽宁科技大学的贾宏敏、朱珮珣、吕仁刚；山东科技大学的王鹏、王翠珍；沈阳工业大学的吕丹。

在本书修订和增补过程中，我们参阅了国内外的教材和专著，在此对相关作者表示感谢。对使用本书，对本书提出过意见和建议的师生表示感谢。化学工业出版社的编辑对本书的修订给予了大力支持和帮助，在此致以衷心的谢意。

限于编者水平，书中不妥之处在所难免，衷心希望各位专家和使用本书的师生予以批评指正，在此我们致以最真诚的感谢。

编　者
2018年3月

第一版前言

精品课程建设是提高教学质量和培养人才的重要途径。我们从建设高水平师资队伍、更新教学理念、改革教学方法、优化课程内容、加强立体化教材建设和实验室建设等方面对《有机化学》精品课程建设进行了积极的探索与实践,取得了良好的教学效果。本书是辽宁省《有机化学》精品课程建设项目和辽宁省教育科学"十一五"规划立项课题"高校精品课程建设的理论与实践研究(JG09DB112)"的研究成果之一。

本教材旨在通过精选内容、强化操作,使学生掌握一般有机化合物的合成、分离和鉴定的方法,加深对有机化学基本理论、有机化合物性质及变化规律的理解,掌握有机化学实验的基本操作和基本技能,培养学生严谨的科学态度、分析和解决实际问题的能力。

本教材按有机化学实验基础知识、基本操作,综合性、研究性、设计性和开放性实验等部分编写。有机化学实验教学内容改革是精品课程建设的重点和难点,它应以培养具有创新意识和创新精神的高级专门人才为目标和要求,强化经典理论,突出现代前沿。在有机化学实验教学中,应密切联系高新技术领域内最前沿的主题,传递高新技术创新与发展的最新信息;开设综合性、设计性和研究型实验内容,从而有效地激发学生的创新欲望和献身科技的精神,培养学生的创新精神、创新能力;注意将绿色化学的基本理念融入有机化学实验教学中,让学生了解和认识绿色化学,树立绿色意识,紧跟时代前进的步伐,与时俱进。

本教材还精选多篇阅读材料,内容丰富,题材广泛,对提高学生的学习兴趣、培养学生的创新精神和实践能力、促进学生全面发展有着极其重要的作用。

本书既可作为高等工科院校的化学、应用化学、化工、材料、环境、生物、食品、制药、安全、高分子等本科专业的教材,也可作为其他相关专业的教学用书或参考书。

本书由孔祥文教授任主编,负责制定编写大纲、统稿和定稿。参加编写的有:沈阳化工大学的由立新、于秀兰、崔天放、王晓丹、滕雅娣、盛永刚、任保轶;辽宁科技大学的贾宏敏、朱珮珣、吕仁刚、雷芃;辽宁石油化工大学的陈平、吴爽、丛玉凤、高肖汉、刘春生、张晓丽;辽宁工业大学的吴红梅。

在本书编写过程中,我们参阅了国内外的教材和专著,化学工业出版社的编辑对本书的编写给予了大力支持和帮助,在此特致以衷心的谢意。

限于编者的水平,疏漏和不妥之处在所难免,衷心希望各位专家和使用本书的师生予以批评指正,在此我们致以最真诚的感谢!

编 者
2011 年 5 月

目 录

第1章 有机化学实验的基础知识 ······ 1
1.1 有机化学实验室守则 ······ 1
1.2 实验事故的预防和处理 ······ 1
1.2.1 防火、防爆 ······ 1
1.2.2 意外事故（紧急）处理 ······ 2
1.2.3 三废处理措施 ······ 3
1.3 实验预习、实验记录和实验报告 ······ 4
1.3.1 实验预习和实验记录 ······ 4
1.3.2 实验报告 ······ 7
1.4 有机化学实验室常用仪器、装置和设备 ······ 9
1.4.1 玻璃仪器 ······ 9
1.4.2 常用有机化学实验装置 ······ 10
1.4.3 常用设备 ······ 13
1.5 玻璃仪器的洗涤、干燥和保养 ······ 15
1.5.1 玻璃仪器的洗涤 ······ 15
1.5.2 玻璃仪器的干燥 ······ 15
1.5.3 玻璃仪器的保养 ······ 16
1.6 有机化合物的结构表征与纯度鉴定常用方法 ······ 16
1.6.1 化学方法表征有机化合物的结构 ······ 16
1.6.2 物理方法表征化合物的结构 ······ 16
1.6.3 有机化合物纯度鉴定常用方法 ······ 23
【阅读材料】 核磁共振技术的新发展 ······ 24

第2章 有机化学实验的基本操作 ······ 26
2.1 简单玻璃工操作 ······ 26
2.1.1 煤气灯的使用 ······ 26
2.1.2 玻璃工操作 ······ 27
实验1 简单玻璃工操作 ······ 28
2.2 熔点测定及温度计校正 ······ 29
2.2.1 基本原理 ······ 29
2.2.2 测定方法 ······ 29
实验2 熔点测定及温度计校正 ······ 32
2.3 沸点的测定 ······ 33
2.3.1 基本原理 ······ 33
2.3.2 微量法测定沸点的装置 ······ 33
2.3.3 测定方法 ······ 33
实验3 沸点的测定 ······ 33
2.4 常压蒸馏 ······ 34

2.4.1	基本原理	34
2.4.2	实验装置	35
2.4.3	操作方法	35

实验4　常压蒸馏及沸点的测定 ... 36

2.5　分馏 ... 37
　　2.5.1　基本原理 ... 37
　　2.5.2　分馏装置 ... 37
　　2.5.3　分馏操作 ... 37

实验5　分馏 ... 38

2.6　水蒸气蒸馏 ... 38
　　2.6.1　基本原理 ... 38
　　2.6.2　水蒸气蒸馏装置 ... 39
　　2.6.3　水蒸气蒸馏操作 ... 39

实验6　水蒸气蒸馏 ... 40

2.7　减压蒸馏 ... 41
　　2.7.1　基本原理 ... 41
　　2.7.2　减压蒸馏装置 ... 41
　　2.7.3　减压蒸馏操作 ... 43

实验7　减压蒸馏 ... 44

2.8　萃取 ... 44
　　2.8.1　基本原理 ... 45
　　2.8.2　操作 ... 45

实验8　从茶叶中萃取咖啡因 ... 47

2.9　干燥 ... 48
　　2.9.1　基本原理 ... 48
　　2.9.2　固体的干燥 ... 49
　　2.9.3　液体的干燥 ... 50
　　2.9.4　气体的干燥 ... 51

2.10　重结晶 ... 52
　　2.10.1　基本原理 ... 52
　　2.10.2　重结晶装置与操作 ... 52

实验9　乙酰苯胺的重结晶 ... 53

2.11　升华 ... 54
　　2.11.1　基本原理 ... 54
　　2.11.2　升华操作方法 ... 55

实验10　樟脑的常压升华 ... 56

2.12　薄层色谱 ... 57
　　2.12.1　基本原理 ... 57
　　2.12.2　操作步骤 ... 58

实验11　对硝基苯胺和邻硝基苯胺的薄层色谱分析 ... 59

实验12　甲基橙和荧光黄的分离鉴定 ... 60

2.13　柱色谱 ... 61

  2.13.1 基本原理 ·········· 61
  2.13.2 吸附剂和洗脱剂 ·········· 61
  2.13.3 柱色谱操作 ·········· 62
 实验13 柱色谱分离植物色素 ·········· 63
 2.14 纸色谱 ·········· 64
 实验14 氨基酸的纸色谱 ·········· 64
 2.15 折射率 ·········· 66
 实验15 折射率的测定 ·········· 66
【阅读材料】 中药提取新技术在实际生产中的应用 ·········· 69

第3章 有机物的制备与鉴定

 实验16 环己烯的制备及产品分析 ·········· 72
 实验17 正溴丁烷的制备及产品的分析检测 ·········· 73
 实验18 乙酸正丁酯的制备及纯度检测 ·········· 75
 实验19 肉桂酸的制备 ·········· 76
 实验20 乙酰苯胺的制备及纯度检测 ·········· 78
 实验21 苯甲醇和苯甲酸的制备 ·········· 80
 实验22 3-丁酮酸乙酯的制备 ·········· 82
 实验23 甲基橙的制备 ·········· 83
 实验24 甲基叔丁基醚的制备 ·········· 85
 实验25 季铵盐的制备 ·········· 86
 实验26 环己醇的制备 ·········· 87
 实验27 7,7-二氯双环[4.1.0]庚烷的制备 ·········· 88
 实验28 黄连中黄连素的提取及紫外光谱分析 ·········· 90
 实验29 无水乙醇及绝对无水乙醇的制备 ·········· 92
 实验30 阿司匹林的制备 ·········· 94
 实验31 苯甲酸乙酯的制备 ·········· 96
 实验32 邻苯二甲酸二正丁酯的制备 ·········· 98
 实验33 乙酸乙烯酯的乳液聚合 ·········· 100
 实验34 对甲基乙酰苯胺的制备 ·········· 101
 实验35 对氨基苯甲酸的制备 ·········· 102
 实验36 对氨基苯甲酸乙酯的制备 ·········· 104
 实验37 环己酮的制备 ·········· 105
 实验38 环己酮肟的制备 ·········· 106
 实验39 己内酰胺的制备 ·········· 108

第4章 研究性、设计性实验 ·········· 110

 实验40 无机离子显色剂 7-(4-安替吡啉偶氮)-8-羟基喹啉合成及与铜的显色反应 ··· 110
 实验41 三组分（环己醇、苯酚、苯甲酸）的分离 ·········· 112
 实验42 阳离子/非离子二元表面活性剂复配体系对 3,4-二羟基苯基荧光酮与钼（Ⅵ）显色
    反应的增敏性能研究 ·········· 114
 实验43 人工合成香料——乙酸苄酯的制备 ·········· 116

 实验 44 多酸催化乙酸酯类化合物的制备研究 ·· 117
 实验 45 反丁烯二酸的制备研究 ··· 118
 实验 46 油田水缓蚀剂的制备与评价 ·· 119
 【阅读材料】 莫瓦桑的故事 ··· 121
第 5 章 开放性实验 ·· 123
 实验 47 2-庚酮的制备 ··· 123
 实验 48 植物生长调节剂的合成研究 ·· 124
 实验 49 己二酸绿色合成方法的探索 ·· 125
 实验 50 用水作溶剂合成内消旋 3,3'-二吡咯戊烷的方法 ··························· 126
 实验 51 微波作用下 2-甲基苯并咪唑的合成 ·· 128
 实验 52 对氨基苯磺酸的微型合成实验 ··· 129
 【阅读材料】 利用化工节能新技术实现多晶硅绿色制造 ······························ 131
附录 ·· 134
 附录 1 常用元素的原子量 ·· 134
 附录 2 常见的二元共沸物的组成 ··· 134
 附录 3 常见的三元共沸物组成表 ··· 135
 附录 4 常用酸和碱的性质 ·· 135
 附录 5 常用酸碱溶液的相对密度及组成 ·· 135
 附录 6 常见有机物的物理常数 ·· 137
 附录 7 常见有机化合物的毒性 ·· 139
 附录 8 各种气体和蒸气在空气中的爆炸极限 ····································· 140
 附录 9 有机化学实验常用资料文献与网络资源 ·································· 140
主要参考文献 ··· 142

第1章 有机化学实验的基础知识

1.1 有机化学实验室守则

为保证有机化学实验课正常、有效、安全的进行，保证实验课的教学质量，培养良好的实验习惯，学生必须遵守下列守则。

(1) 实验前

进行有机化学实验之前，必须认真阅读理论教学相关内容及参考资料，完成实验预习，按要求写好实验预习报告，方可进行实验。没有达到预习要求者，不得进行实验。

(2) 实验中

进入实验室应熟悉实验室环境，清楚水、电、气总阀门位置，灭火器材的放置地点和使用方法。实验前应清点仪器，如发现有破损或缺少应向指导教师报告，并按规定补领。正确安装实验装置，经指导教师检查合格后，方可开始实验。在操作前，应明确每一步操作的目的、意义，实验中的关键步骤及难点，了解所用药品的性质及应注意的安全问题。

实验时保持安静，遵守实验纪律，不得擅自离开。严禁在实验室内吸烟和进食。实验中严格按操作规程操作，变更实验内容必须经指导教师同意，方可改变。实验中要认真操作、仔细观察实验现象，如实做好记录并不得涂改。实验完成后，由指导老师登记实验结果，并将产品回收统一保管。

在实验过程中保持实验室的整洁，注意节约水、电、煤气。公用器材用完后应放回原处，并保持原样。药品用完后，应及时将盖子盖好。液体样品一般在通风橱中量取，固体样品一般在称量台上称取。仪器损坏应如实填写破损单。废液应倒在指定容器内（易燃液体除外），固体废物应倒在垃圾桶内，不得丢入水槽，以免堵塞下水道。

(3) 实验后

实验完毕后，将个人实验台面打扫干净，玻璃仪器洗净后放回原处。请指导老师检查、签字后方可离开实验室。值日生负责整理公用器材，打扫实验室，关闭水、电、煤气总阀，经指导教师同意后才能离开。

1.2 实验事故的预防和处理

1.2.1 防火、防爆

有机化学实验中使用的有机试剂和溶剂大多都易燃、易爆。着火是有机化学实验室经常发生的事故之一，为了防止着火，实验中应注意以下几点。

① 易燃、易挥发的化学药品不能用敞口容器加热和放置。

② 尽量防止或减少易燃物气体的外逸，从蒸馏装置接收瓶出来的尾气出口应远离火源。处理和使用易燃物时，应远离明火，注意室内通风，及时将蒸气排出。

③ 易燃、易挥发的废物，不得倒入废液缸和垃圾桶中。量大时，应专门回收处理；量

小时，可倒入水池用水冲走，但与水发生剧烈反应者除外。

④ 实验室不得存放大量易燃、易挥发性物质。装有易燃液体的容器周围不得有明火。

⑤ 有煤气的实验室，应经常检查管道和阀门是否漏气。

⑥ 点燃酒精灯后，不得擅离岗位，离开前必须熄灭灯火。

⑦ 蒸馏乙醚、酒精、石油醚、苯等沸点低于80℃的液体时，应采用水浴，不能用明火直接加热。

⑧ 使用油浴时应防止冷水溅入而引起爆溅，发生灼伤或引起火灾。

一旦发生着火，应沉着冷静地及时采取正确措施，防止事故的扩大。第一，立即熄灭附近所有火源，切断电源，移开未着火的易燃物。第二，根据易燃物的性质和火势采取适当的方法进行扑救。有机物着火不能用水浇，因为一般有机物不溶于水或遇水可发生更强烈的反应而引起更大的事故；油类着火，要用沙子或灭火器灭火，或者撒上干燥的碳酸氢钠粉末；电器着火，应切断电源，然后用二氧化碳灭火器灭火，但不能使用泡沫灭火器，因为泡沫可导电，有漏电危险；钾、钠着火不可用水灭火，否则会加剧火情，应用干燥的细沙覆盖灭火。小火可用湿布、石棉布或者黄沙盖熄；火势较大时，应用灭火器灭火。

实验室常用的灭火器有二氧化碳、四氯化碳、干粉及泡沫等灭火器。干粉灭火器可扑灭一般火灾，还可扑灭油、气等燃烧引起的火灾；二氧化碳灭火器可用于油脂、电器及较贵重的仪器着火。四氯化碳和泡沫灭火器都具有较好的灭火性能，但四氯化碳在高温下能生成剧毒的光气，而且与金属钠接触会发生爆炸；泡沫灭火器会喷出大量的泡沫而造成严重污染，给后处理带来麻烦。不管采用哪一种灭火器，都是从火的周围开始向中心扑灭。

在有机化学实验室中，发生爆炸事故一般有两种情况。一是某些化合物容易发生爆炸。如重金属乙炔化物、过氧化物、芳香族多硝基化合物等，在受热或撞击时均会发生爆炸。另外，含过氧化物的乙醚在蒸馏时，也有爆炸的危险；乙醇和浓硝酸混合在一起，会引起极强烈的爆炸。还有，醚类和汽油类的蒸气与空气相混时，容易引起爆炸。二是仪器安装不正确或操作不当时，也可引起爆炸。如蒸馏或反应时实验装置被堵塞，减压蒸馏时使用不耐压的仪器等。

为了防止爆炸事故的发生，应注意以下几点。

① 使用易燃易爆物品时，应严格按操作规程操作，要特别小心。

② 实验装置切勿造成密闭体系，用玻璃仪器组装实验装置之前，要先检查玻璃仪器是否有破损。反应过于剧烈时，应严格控制加料速度和反应温度，必要时采用冷却措施，使反应平缓进行。

③ 常压操作时，不能在密闭体系内进行加热或反应，要经常检查反应装置是否被堵塞。如发现堵塞应停止加热或反应，将堵塞排除后再继续进行实验。

④ 蒸馏时不能将液体蒸干，以免局部过热或产生过氧化物而发生爆炸。减压蒸馏时，不能用平底烧瓶、锥形瓶、薄壁试管等不耐压容器作为接收瓶。

1.2.2 意外事故（紧急）处理

（1）防中毒

中毒主要是通过呼吸道和皮肤接触有毒物品而对人体造成危害，因此预防中毒应做到以下几点。

① 称量药品时不得直接用手接触，必须戴橡皮手套，操作后立即洗手。任何药品不得入口。

② 使用和处理有毒或腐蚀性物质时，应在通风橱中进行，尽可能避免蒸气外逸，并戴好防护用品。

③ 如发生中毒现象，应让中毒者及时离开现场，到通风好的地方，严重者应及时送往医院。

(2) 防灼伤

皮肤接触了高温、低温或腐蚀性物质（如强酸、强碱等）后均可能被灼伤。为避免灼伤，在接触这些物质时，应戴上橡胶手套和防护眼镜。一旦发生灼伤时应按下列要求处理。

① 碱灼伤：先用大量的水冲洗，再用1%～2%的乙酸溶液冲洗，然后再用水冲洗，最后涂上烫伤膏。

② 酸灼伤：先用大量的水冲洗，然后用5%的碳酸氢钠溶液清洗，最后涂上烫伤膏。

③ 被热水烫伤后一般在患处涂上红花油，然后擦烫伤膏。

④ 眼睛被药品灼伤时，应立即用大量的水冲洗，并及时去医院治疗。

(3) 防割伤

有机化学实验中主要使用玻璃仪器。为避免割伤，应注意以下几点。

① 需要用玻璃管和塞子连接装置时，用力处不要离塞子太远，应用水、甘油等润滑后，逐渐旋转插入。

② 用铁架台固定玻璃仪器时，用力要适度，以防玻璃破裂，割伤皮肤。

③ 新割断的玻璃管断口处特别锋利，使用时要将断口处用火烧熔或用砂轮打磨，使其呈圆滑状。

发生割伤后，应将伤口处的玻璃碎片取出，挤出污血后用生理盐水将伤口洗净，涂上红药水，用纱布包好伤口。若伤口较深、流血不止时，应在伤口上方约5～10cm处用绷带扎紧或用双手掐住，然后再进行处理或送往医院。

实验室应备有急救药品，如生理盐水、医用酒精、红药水、烫伤膏、1%乙酸溶液、饱和硼酸溶液、5%碳酸氢钠溶液、2%硫代硫酸钠溶液、甘油、止血粉、龙胆紫、凡士林等，还应备有镊子、剪刀、纱布、药棉、绷带、创可贴等急救用具。

1.2.3 三废处理措施

有机化学实验教学不仅要训练并提高学生的实验操作技能，更要培养学生的科学实验方法。有机化学实验中常常用到种类繁多的毒害性大、易挥发的有机物，产生毒性较大且对环境污染严重的废气、废液、废渣。如果不引起重视或处理不当，不仅会影响人体健康，还会对环境产生污染。

(1) 废气处理

废气的处理可以用适当的液体吸收剂来进行。常用的液体有水、酸性溶液、碱性溶液、氧化剂和有机液体，可以净化 SO_2、NO_2、HCl、Cl_2、NH_3、汞蒸气、酸雾和有机蒸气等。另外，可以用活性炭、浸渍活性氧化铝、分子筛等固体吸收剂来净化废气中低浓度的污染物质，如芳香烃、甲醇、乙醇、甲醛、氯仿、四氯化碳、胺类物质，以及 CO、CO_2、H_2S 等。

(2) 废水（液）处理

对于酸含量小于5%的酸性废水或碱含量小于3%的碱性废水,可采用浓度相当的碱或酸进行中和处理。含酚废水可采用二甲苯通过萃取法进行处理。对于可燃烧的废液,且燃烧时不产生有毒气体,又不造成危险,可采用燃烧方法。另外,对废水中溶解的有机物可通过氧化还原法处理,如漂白粉可处理含酚废水;$FeSO_4$可用于除去废水中的汞。

(3) 废渣处理

废渣主要采用掩埋法处理。有毒废渣需先进行化学处理后深埋在远离居民区的指定地点,以免污染地下水。

另外,对于难以处理的有害废物可报送环保部门进行统一处理。

1.3 实验预习、实验记录和实验报告

有机化学实验是一门综合性较强的理论联系实际的课程,是培养学生独立工作能力的重要环节。正确、完整地完成实验预习、实验记录和实验报告,也是一次很好的训练过程。

1.3.1 实验预习和实验记录

(1) 实验预习

实验预习是有机化学实验的重要环节,对实验成功与否、收获大小起着十分关键的作用。预习时要反复阅读实验相关内容,领会实验原理,了解实验步骤和注意事项。一般来说,实验预习的具体内容包括以下几方面。

① 实验目的:写出本次实验要达到的主要目的。

② 反应及操作原理:写出主反应和副反应,并简单叙述操作原理。

③ 主要试剂及产物的物理常数。

④ 实验用的仪器及药品:规格、型号、用量、过量原料的过量百分数,计算理论产量。

⑤ 画出主要反应的仪器装置图,并标明仪器名称。

⑥ 本次实验所涉及的相关单元操作内容;反应及产品纯化过程的流程图。

⑦ 关键操作步骤与难点,实验过程中的安全问题。

以 1-溴丁烷的制备为例,实验预习格式如下。

1-溴丁烷的制备

【实验目的】

(1) 了解从正丁醇制备 1-溴丁烷的原理及方法;

(2) 初步掌握回流、气体吸收装置及分液漏斗的使用。

【实验原理】

主反应:
$$NaBr + H_2SO_4 \longrightarrow HBr + NaHSO_4$$
$$n\text{-}C_4H_9OH + HBr \xrightarrow{H_2SO_4} n\text{-}C_4H_9Br + H_2O$$

副反应:
$$CH_3CH_2CH_2CH_2OH \xrightarrow{H_2SO_4} CH_2CH_2CH=CH_2 + H_2O$$

$$2CH_3CH_2CH_2CH_2OH \xrightarrow{H_2SO_4} (CH_3CH_2CH_2CH_2)_2O + H_2O$$
$$2HBr + H_2SO_4 \xrightarrow{\triangle} Br_2 + SO_2 + 2H_2O$$

【主要试剂及产物的物理常数】

名称	分子量	相对密度	熔点/℃	沸点/℃	溶解度/(g/100mL 溶剂)
正丁醇	74	0.81	−89.5	117.2	水中 7.9
溴化钠	103				水中 79.5(0℃)
硫酸	98	1.83	10.38	340(分解)	水中 ∞
1-溴丁烷	137	1.28	−112.4	101.6	水中不溶

【计算】

名称	实际用量	理论用量	过量	理论产量
正丁醇	6.2mL（5g,0.068mol）			
溴化钠	8.3g(0.08mol)	0.068mol	18%	
硫酸	10mL(0.18mol)	0.068mol	165%	
1-溴丁烷		0.068mol		9.32g

【实验装置图】

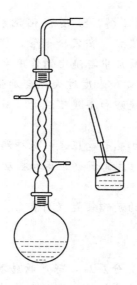

连有气体回收装置的回流冷凝装置

【实验流程】

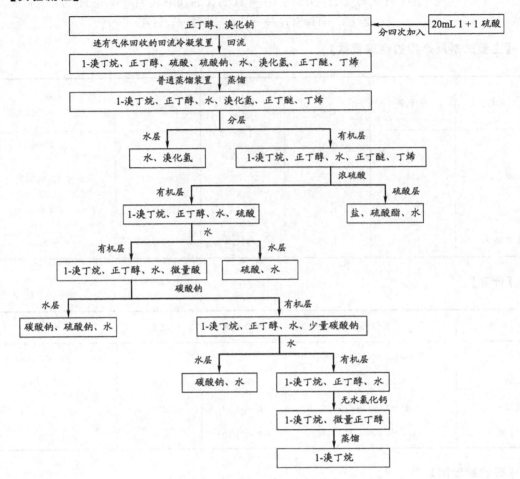

【实验步骤】

1. 投料

50mL 圆底烧瓶中加 6.2mL 正丁醇、8.3g 溴化钠和 1～2 粒沸石。小锥形瓶内加入 10mL 水,边振荡边加入 10mL 浓硫酸。安装冷凝管,将稀释的硫酸从冷凝管上端加入烧瓶,充分振荡,混合均匀(硫酸在反应中与溴化钠作用生成氢溴酸,氢溴酸与正丁醇作用发生取代反应生成 1-溴丁烷。硫酸用量和浓度过大,会加快副反应进行;若硫酸用量和浓度过小,不利于主反应的发生,即氢溴酸和 1-溴丁烷的生成)。

2. 加热回流

以电加热套加热至沸腾,调整加热套电压,以保持沸腾而又平稳回流,并不时加以摇动烧瓶促使反应完成,反应约 30min(注意调整距离和摇动烧瓶的操作)。

3. 分离粗产物

待反应液冷却后,改回流装置为蒸馏装置(用直形冷凝管冷凝),蒸出粗产物(注意判断粗产物是否蒸完)。

4. 洗涤粗产物

将馏出液移至分液漏斗中,静置分层后,将产物转入另一干燥的分液漏斗中,用 3mL 浓硫酸洗涤,除去粗产物中少量未反应的正丁醇及副产物正丁醚、1-丁烯、2-丁烯,尽量分去硫酸层(下层)。有机相依次用 10mL 水(除硫酸)、5mL 10% 碳酸钠溶液(中和未除尽的硫酸）和 10mL 水（除残留的碱）洗涤后，转入干燥的锥形瓶中，加入 1~2g 无水氯化钙干燥，间歇摇动锥形瓶，直到液体清亮为止。

5. 收集产物

将干燥的产物移至小蒸馏瓶中，用电加热套加热蒸馏，收集 99~102℃ 的馏分。

实验关键步骤：

(1) 投料时应严格按教材上的顺序；投料后，一定要混合均匀。

(2) 反应时，保持回流平稳进行，防止导气管发生倒吸。

(3) 洗涤粗产物时，注意正确判断产物的上下层关系。

(4) 干燥剂用量合理。

(2) 实验记录

实验记录是科学研究的第一手资料，实验记录直接影响对实验结果的分析。因此，学会做好实验记录也是培养学生科学作风及实事求是精神的一个重要环节。记录时务必实事求是，能准确反映实验事实，内容要简明扼要，条理清楚。记录过程中不能涂抹或用橡皮擦掉，写错可以用笔画掉。每位学生应有一本实验记录本，预先编好页码，不能撕下记录本的任何一页。记录直接写在预习报告本上，不能随便记在一张纸上。

有机化学实验记录的格式与内容如下所示：

实验名称_____

年　　月　　日

时间	操作步骤及现象

1.3.2　实验报告

实验报告就是在实验完成之后，对实验进行总结。即讨论观察到的实验现象，分析实验中出现的问题和解决的办法，整理归纳实验数据，写出做实验的体会，对实验提出建设性建议等。这是完成整个实验的又一个重要环节。

一份完整的实验报告包括实验目的与要求、实验原理、试剂及产物的物理常数、试剂的规格与用量、实验步骤与现象、产率计算、实验讨论等。

以 1-溴丁烷的制备为例，格式如下。

1-溴丁烷的制备

【实验目的】

(1) 了解从正丁醇制备 1-溴丁烷的原理及方法；

(2) 初步掌握回流、气体吸收装置及分液漏斗的使用。

【实验原理】

主反应：

$$NaBr + H_2SO_4 \longrightarrow HBr + NaHSO_4$$

$$n\text{-}C_4H_9OH + HBr \xrightarrow{H_2SO_4} n\text{-}C_4H_9Br + H_2O$$

副反应：

$$CH_3CH_2CH_2CH_2OH \xrightarrow{H_2SO_4} CH_2CH_2CH=CH_2 + H_2O$$

$$2CH_3CH_2CH_2CH_2OH \xrightarrow{H_2SO_4} (CH_3CH_2CH_2CH_2)_2O + H_2O$$

$$2HBr + H_2SO_4 \xrightarrow{\triangle} Br_2 + SO_2 + 2H_2O$$

【主要试剂及产物的物理常数】

名称	分子量	相对密度	熔点/℃	沸点/℃	溶解度/(g/100mL 溶剂)
正丁醇	74	0.81	−89.5	117.2	水中 7.9
溴化钠	103				水中 79.5(0℃)
硫酸	98	1.83	10.38	340(分解)	水中 ∞
1-溴丁烷	137	1.28	−112.4	101.6	水中不溶

【主要试剂规格及用量】

正丁醇 6.2mL（5g，0.068mol），溴化钠（无水）8.3g（0.08mol），浓硫酸（$d=1.84$）10mL（0.18mol），10% 碳酸钠水溶液，无水氯化钙。

【实验装置图】

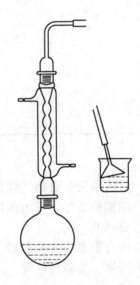

【实验步骤及现象】

时间	步骤	现象
9:00	50mL 圆底瓶中加 6.2mL 正丁醇、8.3g 溴化钠和 1~2 粒沸石	NaBr 部分溶解
9:15	小锥形瓶内加入 10mL 水，边振荡边加入 10mL 浓硫酸	放热

续表

时间	步 骤	现 象
9:30	安装冷凝管,将稀释的硫酸从冷凝管上端加入烧瓶,充分振荡,混合均匀	
9:45	冷凝管顶部安装气体吸收装置,开启冷凝水,用加热套小火加热回流30min	NaBr逐渐溶解,瓶中液体由一层变为三层,上层开始极薄,中层为橙黄色,随反应进行,上层越来越厚,中层越来越薄,最后消失。上层颜色由淡黄→橙黄
10:20	冷却5min,改成蒸馏装置,加沸石,蒸出1-溴丁烷	开始馏出液为乳白色油状物,后来油状物减少,最后馏出液变清(说明1-溴丁烷全部蒸出)。冷却后,蒸馏瓶内析出结晶($NaHSO_4$)
11:00	粗产物用3mL浓硫酸洗涤	放热。产物在上层(清亮),硫酸在下层,呈棕黄色
11:10	10mL水洗,5mL 10% $NaHCO_3$洗,10mL水洗	两层交界处有絮状物产生又呈乳浊状
11:30	将粗产物转入小锥形瓶中,加2g无水氯化钙干燥	开始浑浊,最后变清
11:40	产品滤入30mL蒸馏瓶中,加沸石蒸馏,收集99~102℃馏分	98℃开始有馏出液(3~4滴),温度很快升至99℃,并稳定101~102℃,最后升至103℃,温度下降,停止蒸馏,冷却后,瓶中残留有约0.5mL的黄棕色液体
12:00	产物称重	得6.0g,无色透明

【产率计算】

理论产量:其他试剂过量,理论产量按正丁醇计:

$$n\text{-}C_4H_9OH + HBr \xrightarrow{H_2SO_4} n\text{-}C_4H_9Br + H_2O$$

$$\begin{array}{cc} 1 & 1 \\ 0.068 & 0.068 \end{array}$$

即1-溴丁烷为 $0.068 \times 137 = 9.32g$

$$百分产率 = \frac{实际产量}{理论产量} \times 100\% = \frac{6.0g}{9.32g} \times 100\% = 64\%$$

【讨论】

(1) 在回流过程中,瓶中液体出现三层,上层为1-溴丁烷,中层可能为硫酸氢正丁酯,随着反应的进行,中层消失表明正丁醇已转化为1-溴丁烷。上、中层液体为橙黄色,可能是由于混有少量溴所致,溴是由硫酸氧化溴化氢而产生的。

(2) 反应后的粗产物中,含有未反应的正丁醇及副产物正丁醚等。用浓硫酸洗可除去这些杂质。因为醇、醚能与浓H_2SO_4作用生成盐而溶于浓H_2SO_4中,而1-溴丁烷不溶。

$$C_4H_9OH + H_2SO_4 \text{(浓)} \longrightarrow C_4H_9\overset{+}{O}H_2 + HSO_4^-$$

$$(C_4H_9)_2O + H_2SO_4 \text{(浓)} \longrightarrow (C_4H_9)_2\overset{+}{O}H + HSO_4^-$$

(3) 本实验最后一步,蒸馏前用折叠滤纸过滤,在滤纸上沾了些产品,建议不用折叠滤纸,而在小漏斗上放一小团棉花,这样简单方便,而且可以减少损失。

1.4 有机化学实验室常用仪器、装置和设备

1.4.1 玻璃仪器

有机化学实验常用的玻璃仪器,可分为普通玻璃仪器和标准磨口玻璃仪器两类。

(1) 普通玻璃仪器

普通玻璃仪器有量筒、分液漏斗、锥形瓶、烧杯、玻璃漏斗、布氏漏斗、吸滤瓶等，如图 1-1 所示。

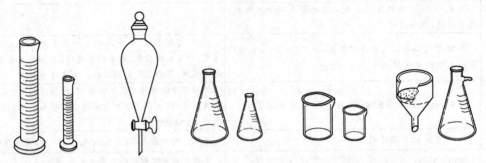

图 1-1 普通玻璃仪器

（2）标准磨口玻璃仪器

标准磨口玻璃仪器有圆底烧瓶、三口烧瓶、分液漏斗、滴液漏斗、冷凝管、蒸馏头、接引管等，如图 1-2 所示。

在有机化学实验中广泛使用的带有标准磨口的玻璃仪器，总称为标准磨口仪器。标准磨口仪器的形状、用途与普通仪器基本相同，只是具有国际通用的标准磨口和磨塞，便于仪器的互换、安装与拆卸，通用性强，仪器的利用率高。这样既可免去配塞子及钻孔等手续，又可以防止因使用橡皮塞而造成反应体系污染。

标准磨口仪器按磨口最大端直径的毫米数分为 10，14，19，24，29，34，40，50 八种。也有用两个数字表示磨口大小的，如 10/19 表示此磨口最大直径为 10mm，磨口面长度为 19mm。相同编号的磨口和磨口塞可以紧密相接，因此可按需要选配和组装各种形式的配套仪器进行实验。

使用标准磨口仪器时必须注意以下事项。

① 磨口处必须保持洁净，若粘有固体物质，则使磨口对接不紧密，导致漏气，甚至损坏磨口。

② 用后应拆卸洗净，否则放置后磨口连接处常会粘住而难以拆开。

③ 一般使用时磨口无需涂润滑剂，以免造成污染。若反应物中有强碱，则应涂润滑剂，防止磨口连接处因碱腐蚀而发生粘连。

④ 安装时应注意磨口编号，装配要正确、整齐，使磨口连接处不受应力，否则仪器易折断或破裂。

1.4.2 常用有机化学实验装置

（1）回流装置

室温下，有些反应速率很慢或难以进行。为了加快反应速率，常常需要使反应物较长时间保持沸腾。在这种情况下，就需要使用回流冷凝装置，使蒸气不断地在冷凝管内冷凝而返回反应器中，以防止反应瓶中物质逸失。图 1-3(a) 是普通加热回流装置；图 1-3(b) 是防潮加热回流装置；图 1-3(c) 是带有气体吸收的回流装置，适用于回流时有水溶性气体（如 HCl、HBr、SO_2 等）产生的实验；图 1-3(d) 为回流时可以同时滴加液体的装置，用于某些进行剧烈、放热很大的反应，可将一种试剂逐渐滴加进去而对反应加以控制。

回流加热前应先放入沸石，根据瓶内液体的沸腾温度，可选用水浴、油浴或石棉网直接加热等方式。直立的冷凝管夹套中自下而上通入冷水，使夹套充满水，水流速度不必很快，

第 1 章 有机化学实验的基础知识

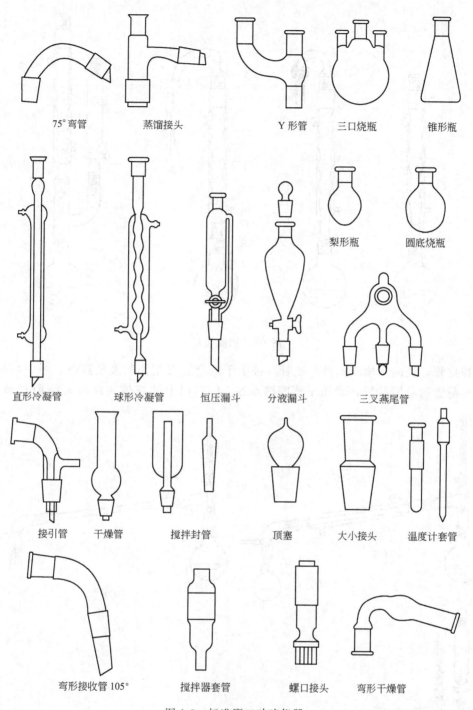

图 1-2 标准磨口玻璃仪器

能保持蒸气充分冷凝即可。加热的程度一般控制在使蒸气上升的高度不超过冷凝管的 1/3。

(2) 蒸馏装置

蒸馏是分离两种以上沸点相差较大的液体和除去有机溶剂的常用方法。几种常用的蒸馏装置如图 1-4 所示，可用于不同要求的场合。图 1-4(a) 是最常用的蒸馏装置，由于这种装置出口处与大气相通，可能逸出馏液蒸气，若蒸馏易挥发的低沸点液体时，需将接液管的支

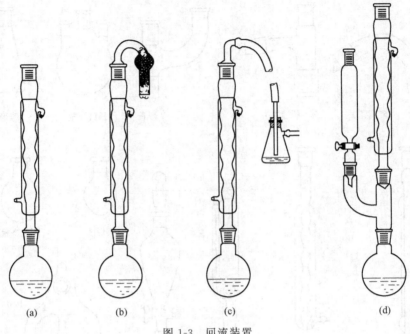

图 1-3 回流装置

管连上橡皮管，通向水槽或室外。支管口接上干燥管，可用作防潮的蒸馏。图 1-4(b) 是应用空气冷凝管的蒸馏装置，常用于蒸馏沸点在 140℃ 以上的液体，此时若使用直形水冷凝

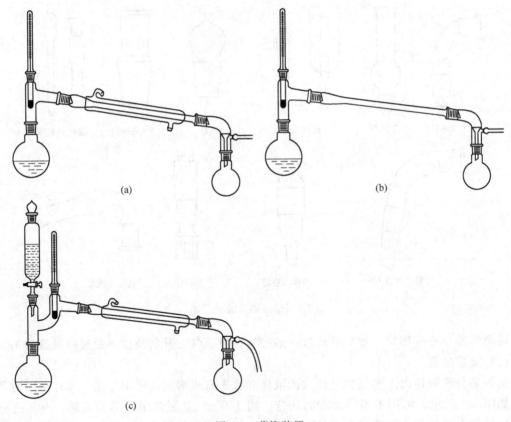

图 1-4 蒸馏装置

管，由于液体蒸气温度较高而会使冷凝管炸裂。图1-4(c)为蒸除较大量溶剂的装置，由于液体可自滴液漏斗中不断地加入，既可调节滴入和蒸出的速度，又可避免使用较大的蒸馏瓶。

(3) 搅拌装置

固体和液体或互不相溶的液体进行反应，或反应物之一是逐渐滴加时，为了尽可能使其迅速均匀地混合，以避免因局部过浓过热而导致其他副反应发生或有机物的分解，均需进行搅拌操作。在许多合成实验中若使用搅拌装置，不但可以较好地控制反应温度，同时也能缩短反应时间和提高产率。常用的搅拌装置如图1-5所示。图1-5(a)是可同时进行搅拌、回流和自滴液漏斗加入液体的实验装置；图1-5(b)的装置还可同时测量反应的温度；图1-5(c)是带干燥管的搅拌装置；图1-5(d)是磁力搅拌。

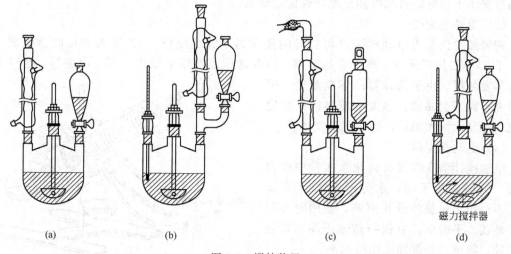

图1-5 搅拌装置

在装配机械搅拌装置时，先将搅拌器固定好，用短橡皮管把已插入封管中的搅拌棒连接到搅拌器上，然后小心地将三口烧瓶套上去，至搅拌棒的下端距瓶底约5mm，将三口烧瓶夹紧，搅拌器的轴和搅拌棒应在同一直线上。用手试验搅拌棒转动是否灵活，再以低速开动搅拌器。当搅拌棒与封管之间不发出摩擦声时才能认为仪器装配合格，否则需要进行调整。最后装上冷凝管、滴液漏斗（或温度计），用夹子夹紧。整套仪器应安装在同一铁架台上。

安装仪器应遵循"先下后上，从左到右"的原则。实验装置要求正确、整齐、稳妥、端正；其轴线应与实验台边沿平行。在装配实验装置时，使用的玻璃仪器和配件应该是洁净干燥的。圆底烧瓶或三口烧瓶的大小应使反应物大约占烧瓶容量的1/3～1/2，最多不超过2/3。安装时首先将烧瓶固定在合适的高度（下面可以放加热设备），然后逐一安装冷凝管和其他配件。每件大的仪器都应用夹子牢固地夹住，金属夹子不可与玻璃直接接触，应套上橡皮管、粘上石棉垫或缠上石棉绳。需要加热的仪器，应夹住仪器受热最少的位置（如圆底烧瓶靠近瓶口处），冷凝管则应夹住其中央部位。

1.4.3 常用设备

(1) 电吹风

实验室中使用的电吹风应可吹冷风和热风，供干燥玻璃仪器之用。不用时宜放在干燥处，注意防潮、防腐蚀。定期加润滑油和维修。

(2) 电加热套

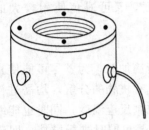

图 1-6　电加热套

电加热套是玻璃纤维包裹着电热丝织成帽状的加热器（图1-6），外加金属外壳，中间填充保温材料。加热和蒸馏易燃有机物时，由于不见明火，因此具有不易引起着火的优点，热效率也高。加热温度一般不超过 400℃，是有机化学实验中一种简便、安全的加热装置。电加热套主要用作回流加热的热源。用作蒸馏或减压蒸馏热源时，随着蒸馏的进行，瓶内物质逐渐减少，会使瓶壁过热，造成蒸馏物被烤焦的现象。若选用大一号的电加热套，在蒸馏过程中，不断降低电加热套的高度，就会减少烤焦现象。在使用电加热套时，注意不要将药品或水洒在电加热套上，以防引起事故；使用后置于干燥处，否则吸潮后绝缘性能会降低。

(3) 旋转蒸发仪

旋转蒸发仪是由电动机带动可旋转的蒸发器（圆底烧瓶）、冷凝器和接收器组成（图1-7）的，主要用于回收、蒸发有机溶剂。可在常压或减压下操作，可一次进料，也可分批加入蒸发料液。由于蒸发器的不断旋转，可免加沸石而不会暴沸。蒸发器旋转时，会使料液的蒸发面大大增加，加快了蒸发速度。

(4) 电动搅拌器

电动搅拌器在常量有机化学实验中作搅拌用。一般适用于油、水等溶液或固-液反应，不适用于过黏的胶状溶液，使用时必须接上地线。平时应注意保持清洁干燥，防潮防腐蚀，轴承应经常加油保持润滑。

(5) 磁力搅拌器

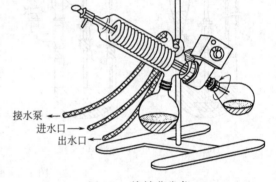

图 1-7　旋转蒸发仪

由一根以玻璃或塑料密封的软铁（磁棒）和一个可旋转的磁铁组成。将磁棒投入盛有欲搅拌的反应物容器中，将容器置于内有旋转磁场的搅拌器托盘上，接通电源，由于内部磁铁旋转，使磁场发生变化，容器内磁棒亦随之旋转，达到搅拌的目的。

(6) 烘箱

实验室常用带有自动温度控制装置的电热鼓风干燥箱，使用温度一般为 50~300℃。烘箱主要用于干燥玻璃仪器或烘干无腐蚀性、加热时不分解的物品。干燥玻璃仪器时应先沥干，无水滴下时才放入烘箱，将温度控制在 100~120℃。向烘箱里放入玻璃仪器时，应自上而下依次放入，以免残留的水滴流下使下层已烘热的玻璃仪器炸裂。挥发性易燃物或刚用酒精、丙酮淋洗过的玻璃仪器切勿放入烘箱内，以免发生爆炸。厚壁仪器、橡皮塞、塑料制品不宜在烘箱中干燥。

(7) 恒温水浴锅

恒温水浴锅常用于蒸馏、浓缩、干燥时温度不超过 100℃ 的恒温加热。可以自动控温，操作简便，使用安全。使用后应将控温旋钮置于最小值后再切断电源；若长时间不使用，应将水箱中的水排净，以免腐蚀设备。

(8) 超声波清洗器

超声波清洗器是利用超声波发生器发生的交频信号，转换成交频机械振荡而传播到清洗液中，以疏密相间的形式向被洗物件辐射，产生"空化"现象，致使物体表面及孔隙中的污垢被分散、破裂及剥落，从而达到净化清洁的目的。超声波清洗器主要用于小批量的清洗、脱气、混匀、提取等操作。

（9）循环水多用真空泵

循环水多用真空泵一般用于对真空度要求不高的减压体系中，如蒸发、蒸馏、结晶、过滤、减压、升华等操作。由于水可以循环使用，节水效果明显，使用时应在真空泵与减压体系之间接有缓冲瓶，以免停泵时发生倒吸而污染体系。开泵前应将缓冲瓶活塞置于开放状态，开泵后用缓冲瓶上的活塞调节所需真空度，关泵时先打开缓冲瓶的活塞，拆掉与减压体系的接口后再关泵。另外，应经常更换水泵中的水，以保持水泵的洁净和真空度。

（10）油泵

油泵常在对真空度要求较高的条件下使用，好的真空油泵能达到 10~100Pa 以上的真空度。油泵结构比较精密，工作条件要求严格。使用时要防止有机溶剂、水或酸气等抽进泵体，以免损坏油泵，影响真空度。要定期更换真空泵油，清洗机械装置。如果真空度明显下降，应及时维修，否则机械损坏更为严重。

1.5 玻璃仪器的洗涤、干燥和保养

1.5.1 玻璃仪器的洗涤

玻璃仪器上沾染的污物会干扰反应进程、影响反应速率、增加副产物的生成和使分离纯化困难，甚至会遏制反应而得不到产品，所以进行有机化学实验必须使用洁净的玻璃仪器。

实验用过的玻璃仪器必须养成立即清洗的习惯。因为此时污物与玻璃表面尚未黏合得十分紧密，而且清楚污垢的性质，容易选择适当的清洗方法。一旦长时间放置，清洗就会困难得多。

洗涤一般用特制的刷子（如瓶刷、烧杯刷、冷凝管刷等），用水、洗衣粉、去污粉刷洗，再用自来水冲洗，当仪器倒置器壁不挂水珠时，表示已洗净。若玻璃仪器难以洗净时，则可根据污垢的性质选择合适的洗液进行洗涤。酸性（碱性）污垢用碱性（酸性）洗液洗涤；对于黏性或者焦油状有机污垢，可选择合适的回收溶剂或低规格的乙醇、丙酮等进行洗涤。如条件允许，可采用超声波振动洗涤等。一般来讲，如果用清水和洗衣粉可以刷洗干净的仪器，就不要用其他的洗涤方法。

1.5.2 玻璃仪器的干燥

玻璃仪器洗净后，还要进行干燥处理。这是因为许多有机反应要求在无水条件下进行，若操作过程中带入水分，将导致实验失败。所以，应当养成每次实验后马上把仪器洗净并倒置使之干燥的习惯。玻璃仪器的干燥方法有以下几种。

（1）自然晾干

将洗净后的玻璃仪器倒置，或者倒插在玻璃仪器架上，使其自然干燥。这种干燥方式可以满足大多数有机实验的要求。

（2）烘干

用电烘箱进行干燥是经常采用的一种干燥方法。将自然干燥或经过清洗后表面留有水珠的玻璃仪器，放入烘箱内干燥。仪器的橡皮塞、软木塞不可放入烘箱；活塞或磨口玻璃塞要分开放置，待烘干后再重新装配；有刻度的容量仪器（如量筒、量杯、容量瓶、移液管、滴

定管等）不可放入烘箱内烘干。

从烘箱内取出玻璃仪器时，应待烘箱温度降至室温后再取。如需急用，则需将较高温度的玻璃仪器取出后放置在石棉网上，慢慢冷却至室温，以免损坏仪器。

（3）吹干

将沥干水分后的玻璃仪器插入气流干燥器的多孔金属管上，吹入热空气后，可快速干燥。用电吹风机可对小件急用玻璃仪器进行快速吹干，吹干前一般用少量乙醇或丙酮淋洗。

1.5.3 玻璃仪器的保养

使用玻璃仪器应轻拿轻放。除了烧瓶、烧杯、试管等少数仪器外，都不能用明火加热。锥形瓶、平底烧瓶由于不耐压，不得用于减压操作。温度计水银球部位的玻璃很薄，使用时要特别小心，以防破损。温度计使用后要缓慢冷却，水银球不能马上用冷水冲洗，以免炸裂。

磨口仪器因为价格较贵，使用时要注意保养，使之保持待用状态，这样可延长其使用寿命；清洗、干燥或保存时不要碰坏磨口部分而影响密闭性。磨口仪器长时间放置应在各磨口的连接部位垫上纸片，以防粘连。若已粘连，可用橡胶棒轻敲磨口连接部位，使之松动而开启；也可用小火均匀烘烤或在沸水中煮沸，使之受热膨胀而松动。

1.6 有机化合物的结构表征与纯度鉴定常用方法

有机分子结构的表征是件复杂、艰巨的工作，确定分子的结构要有多种方法互相认证。结构表征的方法大体上有化学方法和物理方法等。

1.6.1 化学方法表征有机化合物的结构

（1）官能团分析方法

官能团是一类化合物最具特征反应的部分，用各种试剂与之反应，区分、确定各类化合物，决定研究对象所属化合物类别，也可以用官能团分析法进行定性分析，例如用溴区分烯烃和环烷烃（小环分子除外）、用斐林试剂和托伦试剂区分醛和酮、用酸碱中和反应区分羧酸和酯等。这些方法中一些操作简单的实验就是通常说的用化学方法鉴别化合物。官能团分析方法，可以进行定量测定，就是已形成的有机分析学科领域。

（2）化学降解及合成方法

结构复杂的化合物，为确定其结构，常常用化学方法把分子拆成各种"碎片"，测定每一"碎片"的结构，再把碎片的结构组合起来，确定整个分子的结构，为了证实推断是否正确，把推断出来的结构作为模拟的目标，采用已知结构的化合物为原料，利用特定的方法合成目标分子，然后比较两者的各种性质。

（3）官能团转化法

把官能团化合物用特定的试剂转化成衍生物，然后测定衍生物的性质，借以决定官能团化合物的结构。

1.6.2 物理方法表征化合物的结构

（1）测定物理常数法

物性常数如熔点、沸点、密度等是化合物的属性，可借助这些性质鉴定已有的化合物，对新的化合物这种方法不适用。具有同一值的各种常数，所对应的化合物不止一个化合物，常需多种方法联合使用，此法只能为辅助方法。

(2) 现代物理仪器测量方法

有机化合物的结构表征方法很多，有机化学中普遍使用的方法主要是测定有机化合物的红外光谱和核磁共振谱，此外质谱也被广泛使用。这些方法的特点是试样用量少，测定时间短，结果准确，尤其是与计算机联用后，优点更为突出，与测定物理常数的宏观方法相比，波谱法测定的是化合物的微观性质，揭示化合物的微观结构，是结构表征最有力的手段和方法。现主要介绍最常用的红外光谱和核磁共振光谱。

① 红外吸收光谱　红外吸收光谱是分子振动光谱，简称红外光谱（infrared spectrometry），通过谱图解析可以获取分子结构的信息，是解析有机化合物结构的重要手段之一。红外光谱不但可以鉴别有机化合物分子中所含的化学键和官能团，还可以鉴别该化合物是否饱和、是否为芳香族化合物，从而推断出化合物的分子结构。红外光谱还可以用于有机化合物的理论研究，如测定分子化学键的强度、键长、键角，还可用于反应机理和化学动力学的研究。

任何气态、液态、固态样品均可进行红外光谱测定，这是很多其他仪器分析方法难以做到的。

基本原理：红外光谱是一种吸收光谱，它与分子的振动能级和转动能级有关。分子的振动形式很多，只有那些在振动过程中有瞬时偶极变化的振动发生能级跃迁时，才能吸收红外光而形成红外光谱。引起分子偶极变化的振动分为伸缩振动（ν）和弯曲振动（δ）。伸缩振动是化学键两端的原子沿键轴方向来回做周期运动。而原子间除了伸缩振动外，还有键角的周期性变化，这种振动称为弯曲振动或变形振动，如图 1-8 所示，可分为面内弯曲振动和面外弯曲振动。分子振动能级是量子化的，分子中的每一种振动都有一定的频率，叫作基频。当用一定频率的红外光照射有机物样品时，如果该样品的某一振动频率与红外光的频率相同，则该样品就吸收这种红外光，使样品的振动由基态跃迁到激发态。所以，使用红外光（波长为 2.5～25μm，波数为 4000～400cm^{-1}）依次通过有机物样品时，就会出现强弱不同的吸收现象。以波长 λ(μm) 或波数 σ(cm^{-1}) 为横坐标，表示吸收峰的位置；以吸光度 A 或透光率 T（%）为纵坐标，表示吸收强度。将谱带记录下来，就得到该化合物的红外光谱图，如图 1-9 所示。

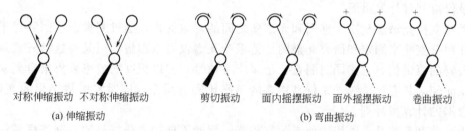

图 1-8　分子伸缩振动和弯曲振动示意图

大量实验表明，在不同的化合物中，同一类型的化学键或官能团的红外吸收频率总是出现在一定的波数范围内。这是因为化学键的振动频率与原子质量、键强度及振动方式有关，因此不同的基团有不同的吸收频率。所以，可以根据吸收峰的位置、强度及形状来判断分子中存在哪些官能团。对于结构简单的分子，可以用红外光谱法进行未知物的结构判断。

红外光谱仪简介：目前使用较多的是双光束红外分光光度计和傅里叶变换红外光谱仪（FTIR）。双光束红外分光光度计的工作原理如图 1-10 所示。

红外辐射源是由硅碳棒发出，硅碳棒在电流的作用下发热并辐射出红外辐射光。这束光

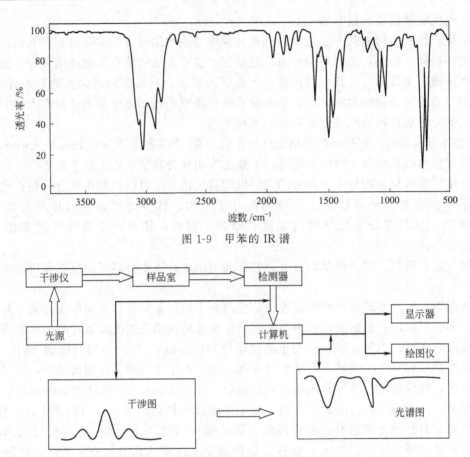

图 1-9　甲苯的 IR 谱

图 1-10　红外光谱仪原理示意图

经反射镜反射成可变波长的红外光，分为两束，一束穿过参比池，另一束穿过样品池。如果样品对频率连续变化的红外光不时地发生强度不一的吸收，那么穿过样品池而到达红外辐射检测器的光束强度就会相应地减弱。红外分光光度计就会将吸收光束与参比光束作比较，并通过记录仪得到红外光谱图。

傅里叶变换光谱法利用干涉图和光谱图之间的对应关系，通过测量干涉图和对干涉图进行傅里叶积分变换来测定和研究光谱图。傅里叶光谱仪可以理解为以某种数学方式对光谱信息进行编码的摄谱仪，它能同时测量、记录所有信号，并以更高的效率采集来自光源的辐射能量，从而使之具有比传统光谱仪高得多的信噪比和分辨率；同时它的数字化的光谱数据，也便于数据的计算机处理。

由于玻璃和石英几乎能吸收所有的红外光，因此不能用来作样品池。制作样品池的材料必须对红外光无吸收，以避免产生干扰。常用的材料有卤盐如氯化钠和溴化钾等。

试样的制备如下。

a. 气体样品　气体样品的红外测试可采用气体池进行。在样品导入之前须先抽真空。吸收峰强度可以通过调整气体池内样品的压力达到，一般对于红外吸收强的气体，样品压力达到 0.6666kPa 即可；对弱吸收气体，样品压力需要达到 66.66kPa。

b. 液体样品　对于易挥发的液体样品应使用固定密封液体池。这种液体池的清洗方法是向池内灌注能溶解样品的溶剂来浸泡，最后用干燥空气或氮气吹干。

一般的液体样品使用可拆卸吸收池，以便于清洗。常用制样方法有两种。

液膜法：液体样品直接滴在盐片上，盖上另一片盐片，两盐片压紧排除气泡。

溶液法：将一定量液体或者固体溶于适当溶剂配成浓度为 0.05%～10% 的溶液，再将溶液倒入样品池进行测定。常用的溶剂有 CS_2、CCl_4 及 $CHCl_3$ 等，溶剂自身的吸收峰通过溶剂参比进行校正。

c. 固体样品　固体样品除了可以溶于适当的溶剂形成溶液，按液体样品处理之外，还常采用以下两种方法。

KBr 压片法：取 1～3mg 样品，置于玛瑙研钵中研细后，加入事先已经研细的分析纯 KBr（样品占混合物的 1%～5%）。继续混合研磨成粒度小于 2μm 的细粉，将磨细的混合物粉末装入压片模具内，在 60MPa 下压制成厚 1mm 左右的透明薄片。将其直接装在固体样品架上进行测定。

糊剂法：取 10mg 样品，于玛瑙研钵内研细，而后将样品粉末悬浮分散在几滴石蜡油、全氟丁二烯等糊剂中，进一步研磨至均匀的糊状。将糊剂涂在一块氯化钠盐片上，盖上另一块盐片，放在支架上，进行红外光谱测定。

红外光谱的解析：红外光谱比较复杂，一个化合物的红外吸收光谱有时多达几十个吸收峰，通常将红外光谱的吸收峰分为两大区域。4000～1300cm^{-1} 区域：该区域内官能团的吸收峰较多，而这些峰受分子中其他结构的影响较小，易辨别，所以常把这一区域称为官能团区或特征谱带区。该区域是红外光谱解析的基础，常用来判断分子中存在何种官能团。1300～650cm^{-1} 区域：该区域是一些单键的弯曲振动和伸缩振动引起的吸收峰，这些吸收峰受分子结构的影响很大，分子结构有微小的变化就会引起吸收峰位置和强度明显的不同，就像人的指纹，所以常把该区域称为指纹区。不同化合物的指纹区的吸收峰不同，因此指纹区对鉴定两个化合物是否相同起着关键的作用。常见官能团和化学键的特征吸收波数见表 1-1。

表 1-1　常见有机化合物的特征吸收频率

化合物类型	基团	键的振动类型	频率范围/cm^{-1}
烷烃	C—H	伸缩振动	2950～2850
		弯曲振动	1470～1430,1380～1360(甲基) 1485～1445(亚甲基)
烯烃	=C—H	伸缩振动	3080～3020
		弯曲振动	995～985,915～905(单取代烯烃) 980～960(反式二取代烯烃) 690(顺式二取代烯烃) 910～890(同碳二取代烯烃) 840～790(三取代烯烃)
	C=C	伸缩振动	1680～1620
炔烃	≡C—H	伸缩振动	3320～3310
	C≡C	伸缩振动	2200～2100
芳烃	=C—H	伸缩振动	3100～3000
		弯曲振动	770～730,710～680(五个相邻氢) 770～730(四个相邻氢) 810～760(三个相邻氢) 840～800(二个相邻氢) 900～860(隔离氢)
	C=C	伸缩振动	1600,1500

续表

化合物类型	基团	键的振动类型	频率范围/cm^{-1}
醇、醚、羧酸、酯	C—O	伸缩振动	1300~1080
醛、酮、羧酸、酯	C=O	伸缩振动	1760~1690
醇、酚	O—H	伸缩振动	3600~3200
羧酸	O—H	伸缩振动	3600~2500
胺、酰胺	N—H	伸缩振动	3500~3300
	N—H	弯曲振动	1650~1590
	C—N	伸缩振动	1360~1180
腈	C≡N	伸缩振动	2280~2240
硝基化合物	—NO$_2$	伸缩振动	1550~1535
		弯曲振动	1370~1345

下面举一实例来说明红外光谱的解析步骤。

[**例**] 已知未知物分子式为 C_7H_8，其红外光谱图如图 1-9 所示，试推测其结构。

解：根据化合物的分子式计算它的不饱和度为 4，由此推测该化合物可能含苯环。谱图中 1600cm^{-1}、1500cm^{-1} 和 1460cm^{-1} 为苯环碳骨架伸缩振动的特征峰，3030cm^{-1} 的吸收峰是苯环的 C—H 键的伸缩振动引起的。这些吸收峰以及不饱和度都证实了该未知物含有苯环。谱图中 725cm^{-1}、694cm^{-1} 的吸收峰以及 2000~1700cm^{-1} 间的一组吸收峰是苯环的 C—H 键面外弯曲振动以及倍频吸收所引起的，表明为单取代苯。2960~2870cm^{-1} 的两个吸收峰为烷基的 C—H 键伸缩振动吸收峰，1380cm^{-1} 出现的一个吸收峰是 CH_3 的对称弯曲振动。

综合以上分析，结合分子式，推测该化合物为甲苯，结构式为 。

注意事项

a. 由于水在 3710cm^{-1} 和 1630cm^{-1} 处有较强吸收，因此在做红外光谱分析时，待测样品及盐片需要充分干燥处理。

b. 为了防潮，在盐片上涂待测样品时，宜在红外干燥灯下操作。测试完毕，须及时使用二氯甲烷或氯仿进行擦洗。干燥后，将样品置于干燥器中备用。

c. 石蜡油是高分子量碳氢化合物，因此在 3030~2830cm^{-1} 处有 C—H 伸缩振动吸收，在 1460~1375cm^{-1} 处有 C—H 弯曲振动吸收，在解析红外光谱时应注意先将这些峰除去，以免对谱图的正确解析产生干扰。

② 核磁共振谱 核磁共振谱（nuclear magnetic resonance spectroscopy，NMR）在有机化合物分子结构研究中是一种重要的剖析工具。核磁共振谱能够提供化学位移、偶合常数、各种核的信号强度比和弛豫时间。通过分析这些信息，可以了解特定原子的化学环境、原子个数、邻接基团的种类及分子的空间构型，因此核磁共振在化学、生物学、医学和材料学领域的应用日趋广泛。

基本原理：核磁共振是由原子核的自旋运动引起的。不同的原子核自旋情况不同，其自旋情况在量子力学上用自旋量子数 I 表示，I 与原子的质量和原子序数有一定的关系，当原子的质量数和原子序数二者之一为奇数或均为奇数时，$I \neq 0$，这时原子核就像陀螺一样绕轴做旋转运动，自旋可产生磁矩。核磁共振谱是由具有磁矩的原子核在外加磁场中受辐射而发生能级跃迁所形成的吸收光谱。当 I 为 1/2 时，如 ^1H、^{13}C、^{15}N、^{19}F、^{29}Si、^{31}P 等，这类原子核可看作是电荷均匀分布的球体，原子核的磁共振容易测定，适用于核磁共振光谱分析。

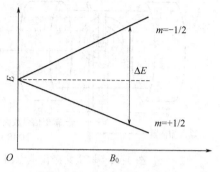

图 1-11 质子在外加磁场中两能级与外加磁场的关系

原子核带正电，将旋转的原子核放到一个均匀的磁场中，原子核能级分裂成 $2I+1$ 个。自旋量子数为 1/2 的核裂分为两个能级，其中与外磁场方向相同的自旋核能量较低，称低能自旋态，用 $+1/2$ 表示；与外磁场方向相反的自旋核能量较高，称高能自旋态，用 $-1/2$ 表示。低能自旋态和高能自旋态之间能级差为 ΔE，只有当具有辐射的频率和外界磁场达到一定关系时才能产生吸收（图 1-11），其关系式如下：

$$\Delta E = \gamma \frac{h}{2\pi} B_0 = h\nu$$

$$\nu = \frac{\gamma B_0}{2\pi}$$

式中　γ——磁旋比，是核的特征常数；

　　　h——Planck 常量；

　　　ν——无线电波的频率；

　　　B_0——外加磁场的磁感应强度。

当照射电磁波的能量恰好等于两能级能量之差时，原子核吸收电磁波从低能级跃迁到高能级，这时就发生核磁共振。有机化学中研究最多的是 ^1H 的核磁共振和 ^{13}C 的核磁共振。

在实际的分子环境中，氢核外面是被电子云包围的，电子云对氢核有屏蔽作用，从而使得氢核感受到的磁场强度不是 B_0 而是 B'。在有机化合物分子中，不同类型的氢核周围电子云的屏蔽作用不同。也就是说，不同类型的质子在静电磁场作用下，其共振频率不同，所以在核磁共振谱的不同位置出现吸收峰，这种峰位置上的差异叫化学位移（chemical shift）。由于上述位置差异很小，质子屏蔽效应只有外加磁场的百万分之几，测定共振位置的绝对值是难以精确的，因而采用一个标准物质作对比，常用的标准物质是四甲基硅烷（TMS）。化学位移一般表达如下：

$$\delta = \frac{\nu_{样品} - \nu_{TMS}}{\nu_0} \times 10^6$$

式中，$\nu_{样品}$ 及 ν_{TMS} 分别为样品及 TMS 中质子的共振频率；ν_0 为仪器所采用的频率。在样品中加入 TMS，为化学位移的大小提供一个参比标准，规定 TMS 的 δ 值为零。核磁共振氢谱中横轴用符号 δ 表示。

核磁共振仪简介：核磁共振仪根据电磁波的来源，可分为连续波和脉冲傅里叶变换两种。连续波核磁共振仪可通过固定磁场改变频率，也可通过固定频率改变磁场来进行测量（图 1-12），使用一个强度很大的电磁铁来产生磁场。测试样品放在磁铁两极之间能绕轴旋转的样品管内，样品管周围缠绕着射频线圈。接通电流，射频振荡器通过振荡线圈

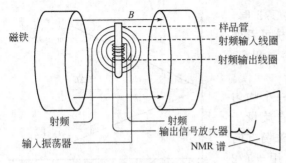

图 1-12 核磁共振仪示意图

对样品进行照射。如果样品对射频振荡器发出的射频能产生吸收,即频率与两个自旋态的能量差 ΔE 相匹配时,就发生共振。吸收的能量被射频接收器所检测,形成的信号经放大后记录下来,即得核磁共振谱图。

脉冲傅里叶变换核磁共振仪则是固定磁场,用时间短(约 10^{-5} s)、强度大的无线电波照射样品,使在不同环境下的磁性核同时激发,信号经电脑进行傅里叶变换得到用频率表示的谱图。该方法的优点是样品量较少,测量时间较短,灵敏度较高。因此,傅里叶变换核磁共振仪如今已普遍应用。

如果按照磁场产生的方式来分,核磁共振仪可分为永久磁铁、电磁铁和超导磁体三种;也可按磁场强度不同,将核磁共振仪分为 60MHz、90MHz、100MHz、200MHz、500MHz 等多种型号,一般兆数越高,仪器分辨率越好。

样品的制备:如果有足够的不黏的液体样品(0.75~1.0mL),可以纯样进行;固体样品取 5~10mg 溶于 0.75~1.0mL 的适当溶剂中;如果是黏性的液体样品,则先加入 1/5 体积的被测物质,然后加入 4/5 体积的溶剂。若溶剂中不含 TMS,加入 1~4 滴 TMS。样品的溶液应有较低的黏度,否则会降低谱峰的分辨率。所用溶剂不能含有质子,最常用的有机溶剂是 CCl_4。随着被测化合物极性的增加,就要选择氘代溶剂如 $CDCl_3$、D_2O、CD_3OD、C_6D_6 及 DMSO-d_6 等。

制备的样品应放在塑料帽(盖)的样品管内,加上盖后摇匀,而后将样品管放入指定位置。一旦放置好,样品管应能够围绕垂直轴旋转。

核磁共振谱的解析:氢的核磁共振谱图通常可以提供有关分子结构的丰富信息,化学位移可推测与产生吸收峰的氢核相连的官能团的类型;自旋裂分的形状提供了邻近的氢的数目;峰面积可算出分子中每种类型氢的相对数目。一般解析未知化合物的核磁共振谱,采取以下步骤。

a. 通过区分有几组峰来确定未知物中有几种不等性质子(谱图上化学位移不同的质子)。

b. 通过计算峰的面积比来确定各种不等性质子的相对数目。共振吸收峰的面积大小,一般用积分曲线的高度来量度。核磁共振仪上带的自动积分仪对各峰的面积进行自动积分,得到的数值用阶梯式积分曲线高度来表示。从积分曲线的起点到终点的总高度与分子中全部氢原子的数目成正比,每一阶梯的高度与该峰面积成正比,即与产生该吸收峰的质子数成正比。

c. 确定各组峰的化学位移值从而确定分子中可能的官能团。不同类型质子的化学位移值如表 1-2 所示。

d. 通过识别各组峰的自旋裂分情况和偶合常数来确定各种质子周围的连接情况。在分子中,不仅核外的电子对质子的共振吸收产生影响,邻近质子之间也会互相影响,引起共振谱线的增多。相邻核的自旋之间的相互干扰作用称为自旋-自旋偶合(spin-spin coupling),简称自旋偶合(spin coupling)。由于自旋偶合,引起谱峰增多的现象叫做自旋-自旋裂分(spin-spin splitting),简称自旋裂分(spin splitting)。一般只有相隔三个化学键之内的不等价的质子间才会发生自旋裂分现象。

表 1-2 不同类型质子的化学位移值

质子类型	化学位移(δ)	质子类型	化学位移(δ)
RCH_3	0.9	$ArCH_3$	2.3
R_2CH_2	1.2	$RCH=CH_2$	4.5~5.0
R_3CH	1.5	$R_2C=CH_2$	4.6~5.0
R_2NCH_3	2.2	$R_2C=CHR$	5.0~5.7
RCH_2I	3.2	$RC\equiv CH$	2.0~3.0
RCH_2Br	3.5	ArH	6.5~8.5
RCH_2Cl	3.7	$RCHO$	9.5~10.1
RCH_2F	4.4	$RCOOH, RSO_3H$	10.0~13.0
$ROCH_3$	3.4	$ArOH$	4.0~5.0
RCH_2OH, RCH_2OR	3.6	ROH	0.5~6.0
$RCOOCH_3$	3.7	RNH_2, R_2NH	0.5~5.0
$RCOCH_3, R_2C=CRCH_3$	2.1	$RCONH_2$	6.0~7.5

在外加磁场的作用下,自旋的质子产生一个小的磁矩,并通过成键价电子的传递,对邻近的质子产生影响。质子的自旋有两种取向,假如外磁场感应强度为 B_0,自旋时与外磁场取顺向排列的质子,使受它作用的邻近质子感受到的总磁场感应强度为 $B_0+\Delta B$;自旋时与外磁场取逆向排列的质子,使相邻的质子感受到的总磁场感应强度为 $B_0-\Delta B$。因此,当发生核磁共振时,一个质子的吸收信号被另一个质子裂分为 2 个,这 2 个峰强度相等,其总面积正好和未裂分的单峰的面积相等。2 个峰对称分布在未裂分的单峰两侧。

自旋偶合产生峰的分裂后,两峰间的间距称为偶合常数(coupling constant),用 J 表示,单位是 Hz。J 的大小表示偶合作用的强弱,与两个作用核之间的相对位置有关。

当两组或几组磁等同核的化学位移差值与其偶合常数的比值大于或等于 6 时,相互之间的偶合较为简单,其特征如下:一个峰被分裂成多重峰时,多重峰的数目将由相邻质子中磁等同的核数 n 来确定,其计算式为 $n+1$;裂分峰的面积之比,为二项式 $(x+1)^n$ 展开式中各项系数之比,多重峰通过其中点作对称分布,其中心位置即为化学位移;各裂分峰等距,裂距即为偶合常数 J。

e. 根据以上分析,提出可能的结构式,再结合其他信息,最终确定未知物的结构。

1.6.3 有机化合物纯度鉴定常用方法

(1) 通过薄层色谱法(thin layer chromatography,TLC)进行纯度的鉴定

① 展开溶剂的选择:不只是至少需要 3 种不同极性展开系统,而且通常是要选择三种分子间作用力不同的溶剂系统,如氯仿/甲醇、环己烷/乙酸乙酯、正丁醇/醋酸/水,分别展开来确定组分是否为单一斑点。这样做的好处是很明显的,通过组分间的各种差别将组分分开,有可能几个相似组分在一种溶剂系统中是单一斑点,由于该溶剂系统与这几个组分的分子间力作用无明显的差别,不足以在 TLC 区分。而换了分子间作用力不同的另一溶剂系统,就有可能分开。这是用 3 种不同极性展开系统展开所不能达到的。

② 对于一种溶剂系统,至少需要 3 种不同极性展开系统展开,一种极性的展开系统将目标组分的 R_f 推至 0.5,另两种极性的展开系统将目标组分的 R_f 推至 0.8、0.2。其作用是检查有没有极性比目标组分更大或更小的杂质。

③ 显色方法:仅展开是不够的,还要用各种显色方法。一般先使用通用型显色剂,如 10%硫酸、碘,再根据组分可能含有混杂组分的情况,选用专属显色剂。只有在多个显色剂下均为单一斑点,这时才能下结论样品为薄层纯。

(2) 通过熔程进行纯度的鉴定

通过熔程判定纯度，原理很简单，纯化合物，熔程很短，1~2℃。混合物熔点下降，熔程变长。

(3) 通过高效液相色谱 (high performance liquid chromatography, HPLC) 进行纯度的鉴定

对于 HPLC 来讲，由于常用的系统较少，加之其分离效果好，一般不要求选择三种分子间作用力不同的溶剂系统，只要求选择三种不同极性的溶剂系统，使目标峰在不同的保存时间出峰。

(4) 通过核磁共振谱进行纯度的鉴定

从氢谱中假如发现有很多积分不到 1 的小峰，就有可能是样品中的杂质。利用门控去耦的技术通过对碳谱的定量也能实现纯度鉴定。

这里只是对常见的纯度鉴定方法做了一个小结，从快速、便宜、简便的要求出发。当然每种方法都有各自的局限性，如基于氢谱的纯度鉴定，假如发现有很多积分不到 1 的小峰，很有可能是样品中的活泼质子。最后说一下对化合物纯度的要求，世界上不存在 100% 纯的化合物。需要的纯度与目的有关，例如，如想测核磁共振鉴定结构，一般要求 95% 的纯度。

【阅读材料】 核磁共振技术的新发展

核磁共振谱仪在经历了半个世纪的发展后，已经成为分子科学、材料科学和生命科学不同领域中不可缺少的一种极其重要的研究方法。伴随着高新技术、仪表自动化、计算机技术的发展，NMR 新技术、新方法也不断涌现，美国的 Varian 公司、德国的 Bruker 公司、日本的 Jeol 公司以及英国共振仪器有限公司都充分显示和推出了近年在 NMR 仪方面的新技术和新进展。

NMR 仪最引人注目的进展是德国 Bruker 公司推出的新一代的 NMR 探头调谐匹配技术的完全自动化。对不同样品和不同溶剂，只需几钟即可实现对每个样品的自动调谐和匹配，从而保证 90°脉冲的最佳设置，并提高仪器的灵敏度。此外 Bruker 公司还推出了新产品——综合型的 NMR 化学分析仪-INCA 系统 (300~400MHz)，实现了 Bruker 超导磁体和 Windows NT 计算机操作平台和可程序化的用户界面的一体化。除了电缆和压缩空气外，其他外部连接全部去除，其体积大大缩小，应用方便，并为 INCA 系统应用到 LC-NMR 仪中创造了较好的条件。

核磁共振技术在生物和药品科学中的应用日益广泛。美国 Varian 公司的 LC-NMR 联用技术又获得了新的进展。其新技术的特点如下：

① 采用 WET 技术，可同时压制多种溶剂峰及卫星峰。采用 ScoutScan 自动跟踪技术探测溶剂峰的化学位移的变化。根据不同样品采用三种易于操作的模式：停止流动法、流动法和收集法。LC-NMR 采用微流探头，检测灵敏度高，可作复温和梯度场 ^1H-^{19}F $\{^{13}C/^{15}N\}$ 间接检测。

② Varian 公司还推出了新的软件——VnmrJ-设计用于网络，即保留了 Vnmr 的所有强大功能，还提供了用 Java 语言编写的与机器无关的用户界面。新的用于同位素标记蛋白质 NMR 结构分析技术的 Proteinpack 和 Rnapack 软件包括复杂的脉冲序列、参数组和自动探头/系统、样品标定程序。此外，用于 NMR 脉冲序列设计的 SpinCAD 软件，操作简单，直

观性强，用户通过鼠标即可完成脉冲程序的设计。

英国共振仪器有限公司（Resonance Instruments Ltd.）推出了一台新型 MARAN 小型磁共振聚合物分析仪。该公司生产的 MARAN 聚合物分析仪集目前世界上最先进的电子和计算机技术于一体，使整套仪器不仅体积小而且方便于在实验室或生产线之间移动，同时保证了仪器的高灵敏度和准确性。针对聚合物分析的特点，仪器已被进行了优化配置，使测量结果最佳化。MARAN 聚合物分析仪还采用网络卡与微机进行通信，使仪器的控制及数据转换既迅速又可靠。窗口式用户界面软件，使操作简单并能使测量完全自动化。

从核磁共振仪来看，核磁共振的基本特点或发展趋势是高自动化、高灵敏度、高性能，以及产品的系列小型台式化。新技术和新软件的不断推出，为 NMR 更广泛的应用提供了广阔的天地。

第 2 章 有机化学实验的基本操作

有机化学实验的基本操作是有机合成实验的基础,没有严格的基本操作技能训练和良好的实验素养,就无法进行有机合成实验,也无法进行科学研究。因此,本章对有机实验的基本操作进行集中介绍。

2.1 简单玻璃工操作

有机化学实验中,有时需要自己动手加工一些玻璃用品,如滴管、测熔点用的毛细管、有害气体吸收和水蒸气蒸馏用的弯管、搅拌棒等。因此,玻璃工操作是有机化学实验的重要操作之一。

2.1.1 煤气灯的使用

煤气灯是实验室最常用的加热器具,实验室中玻璃加工经常使用煤气灯。煤气灯由灯座和灯管组成(图 2-1)。旋下灯管,可以看到灯座的煤气入口。旋转煤气调节阀或灯管,能够分别调节煤气或空气的输入量,控制火焰的大小和强度。

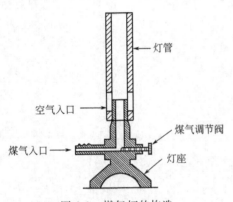

图 2-1 煤气灯的构造

当空气入口完全关闭时,点燃煤气灯,火焰呈黄色(炭粒发光所产生的颜色),此时煤气燃烧不完全,火焰温度不高。逐渐加大空气的输入量,煤气的燃烧逐渐趋于完全,完全燃烧时,能发出响声,火焰分三层[图 2-2(a)]:内层为焰芯,煤气和空气混合物在此没有燃烧,温度低,约为 300℃;中层为还原焰,煤气在此燃烧不完全,且分解为含碳产物,这部分火焰具有还原性,温度较高,火焰呈淡蓝色;外层为氧化焰,煤气在此完全燃烧,过剩的空气使这部分火焰具有氧化性,火焰呈淡紫色,氧化焰的温度在三层火焰中最高,最高温度处于还原焰顶端上部的氧化焰中,温度约为 1000℃。

当煤气或空气的输入量调节得不合适时,会产生不正常的火焰。当煤气和空气的输入量都很大时,火焰临空燃烧,称为"临空火焰"[图 2-2(b)],当引燃用火熄灭时,它也容易自行熄灭。当煤气输入量很小而空气输入量很大时,煤气会在灯管内燃烧,并发生"嘶嘶"的响声,火焰的颜色发绿,灯管被烧得很烫,这种火焰称为"侵入火焰"[图 2-2(c)]。有时在煤气灯使用过程中,煤气量突然因某种原因而减少,这时也会产生"侵入火焰",这种现象称为"回火"。发生以上现象时,应立即关闭煤气,待灯管冷却后,再关小空气入口,重新点燃。

当需要温度不太高时,将煤气灯上的空气入口和煤气入口关小些,此时火苗无声,呈黄色,当需要温度较高时,可根据需要增加煤气量和空气量。

2.1.2 玻璃工操作

在玻璃工操作中最基本的操作是拉玻璃管和弯玻璃管。

(1) 玻璃管（棒）的清洁、干燥和切割

① 玻璃管的清洁和干燥　需要加工的玻璃管均应清洁和干燥。玻璃管内的灰尘可用水冲洗，如果玻璃管较粗，可以用两端系有绳的布条通过玻璃管来回拉动，使管内的脏物除去。制备毛细管的玻璃管，在拉制前均应用洗涤剂（或硝酸、盐酸、铬酸洗液等）洗涤，再用自来水冲洗和蒸馏水清洗、干燥，然后进行加工。

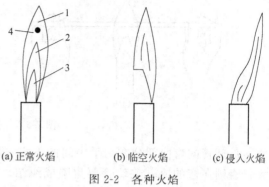

(a) 正常火焰　(b) 临空火焰　(c) 侵入火焰

图 2-2　各种火焰

1—氧化焰；2—还原焰；3—焰芯；4—最大火焰点

② 玻璃管（棒）的切割　将玻璃管（棒）平放在桌面上，在需要截断的地方，用小砂轮或三角锉刀的棱边朝一个方向锉一条深痕（图 2-3），不可来回乱锉，否则不但锉痕多，而且易使小砂轮或锉刀变钝。锉痕应与管（棒）轴垂直，这样才能保证折断后的玻璃（棒）管截面是平整的。然后用双手握住玻璃管（棒），以大拇指顶住锉痕背面的两边，轻轻向前推，同时朝两边拉，玻璃管（棒）即平整地断开（图 2-4）。为了安全，折断时应尽可能离眼睛远些，或在锉痕的两边包上布再折。也可用玻璃棒拉细的一端在煤气灯氧化焰上加强热，软化后紧按在锉痕的端点处，玻璃管即沿锉痕方向裂开。若裂痕未扩展成一整圈，可以逐次用烧热的玻璃棒压触在裂痕稍前处，直至玻璃管完全断开。此法特别适用于接近玻璃管端处的截断。

图 2-3　玻璃管（棒）的切割

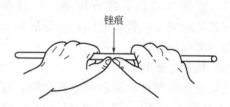

图 2-4　玻璃管（棒）的截断

裂开的玻璃管（棒）边沿很锋利，必须在火中烧熔使之光滑，此步称为"圆口"，即将玻璃管（棒）与煤气灯呈 45°角在氧化焰边沿处，边烧边来回转动直至平滑即可（图 2-5）。不应烧得太久，以免管口缩小。

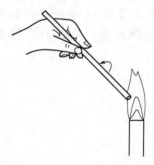

图 2-5　玻璃管（棒）圆口

(2) 弯玻璃管

首先将玻璃管用小火左右移动预热，除去管中水汽（防止爆裂），然后双手把要弯曲的地方放入氧化焰中加热 [图 2-6(a)]。为增大玻璃管的受热面积，可以将玻璃管斜放入氧化焰中，也可以在煤气灯上罩以鱼尾灯头扩大火焰 [图 2-6(b)]。

加热的同时缓慢而均匀地转动玻璃管，双手转速要一致，以免玻璃管在火焰中扭曲。当玻璃管发黄变软后即从火中取出，两手水平持着，玻璃管中间一段已软化，在重力作用下向下弯曲，两手再轻轻向中心施力，即按"V"字形方式施力，两手在

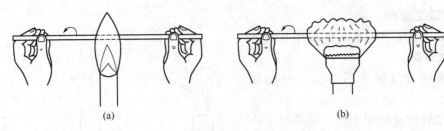

图 2-6 加热玻璃管

上方，玻璃管的弯曲部分在两手中间的下方（图 2-7），弯曲至所需角度。弯曲时不要用力过大，否则在弯的地方玻璃管要瘪陷或纠结。弯 120°以上的角度，可以一次弯成。较小的锐角可分几次弯成，先弯成一个较大的角，再分别在第一次受热部位稍左和稍右处进行第二次和第三次加热与弯曲，直到弯曲成需要的角度为止。

加工后的玻璃管应随即进行退火处理，即趁热在弱火焰中加热片刻，然后将玻璃管慢慢移离火焰，再放在石棉网上冷却至室温。不经退火的玻璃管质脆易碎。

（3）拉制滴管

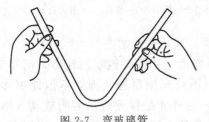

图 2-7 弯玻璃管

取合适的干净玻璃管，先用小火烘干，后慢慢加大火焰，并不断转动。一般习惯用左手握玻璃管转动，右手托住，转动时，玻璃管不要上下前后移动，在玻璃管略变软时，右手也要以大致相同的速度将玻璃管做同方向的同轴转动，以免玻璃管扭曲。当玻璃管发黄变软后，从火焰中取出，沿水平方向边拉边来回转动玻璃管（图 2-8），拉成需要的细度。拉好后尚需继续转动，直至完全变硬后，由一只手垂直提置片刻，将烫手的玻璃管粗端置于石棉网上，冷却后用砂轮将细管割断。细端口用小火圆口，粗端口烧软后在石棉网上垂直按一下，使其外缘突出，管口变圆，冷却后装上乳胶头即得两根滴管。

（4）拉制毛细管

玻璃管分软质玻璃管和硬质玻璃管，拉毛细管用软质玻璃管。取一直径 1cm、壁厚

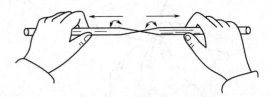

图 2-8 拉管手法

1mm 的干净软质玻璃管，放在灯焰上加热。火焰由小到大，两手不断转动玻璃管，使玻璃管受热均匀，当玻璃管被烧到发黄变软时，离开火焰，两手以同样速度同方向来回旋转，水平地向两边拉开（图 2-8），开始拉时稍慢，然后较快地拉长，使之成内径 1mm 左右的毛细管。拉好的毛细管按所需长度的两倍截断，两端用小火封闭，以免灰尘和湿气进入。使用时，从中间截断，即可得到熔点管或沸点管的内管。封管时，将毛细管呈 45°角于小火的边沿处，一边转动一边加热，至封口合拢，做到既封严，又不可烧扭成块。若拉成直径为 0.1mm 左右的毛细管，可用于制作色谱分离点样管。

实验 1 简单玻璃工操作

【实验目的】

(1) 学习、掌握煤气灯的正确使用方法。
(2) 学会一些简单玻璃制品的制作方法。

【实验步骤】
(1) 领取玻璃管（棒）；
(2) 清洗玻璃管；
(3) 制作玻璃制品。
每人制作以下玻璃仪器。
玻璃弯管：135°（6cm×6cm）一个；90°（6cm×18cm）一个。
滴管：17cm 长的滴管（管长 15cm、滴头长 2cm）一支。
毛细管：9~10cm 长、内径 1~1.2mm 的毛细管 10 根。
搅拌棒：20cm 长一支。

2.2　熔点测定及温度计校正

2.2.1　基本原理

当固体物质加热到一定的温度时，即从固态转变为液态，此时的温度可视为该物质的熔点（melting point）。但熔点的严格定义是固液两态在大气压力下达平衡时的温度。纯净的固体有机物一般都有固定的熔点，即在一定压力下，固液两态之间的变化是非常敏锐的，从初熔到全熔的温度范围（称熔距或熔程）一般不超过 0.5~1℃。如果该物质含有杂质，则其熔点往往较纯净物低，熔程增长。因此，通过测定熔点，可以鉴别未知的固态化合物和判断化合物的纯度。

如果两种固态化合物具有相同或相近的熔点，可以采用混合熔点法鉴别它们是否为同一化合物。若是两种不同化合物，通常会熔点降低（也有例外）和熔程拉长；若是相同化合物，则熔点不变。在科学研究中经常用此法检验所得的化合物是否与预期的化合物相同。进行混合物熔点的测定至少测定三种比例（1∶9、1∶1、9∶1）。

2.2.2　测定方法

有机化合物的熔点测定可用显微熔点测定法和毛细管法来测定。现分别介绍如下。

2.2.2.1　显微熔点测定法

用显微熔点测定仪（图 2-9）测定熔点是将微量（<0.1mg）试样放到试样板上，在显微镜下观察熔化过程；试样结晶的棱角开始变圆时为初熔，结晶形状完全消失为全熔。

2.2.2.2　毛细管法

(1) 熔点管的制备（见 2.1.2）

(2) 样品的装入

取少许（约 0.1g）待测熔点的干燥并研成粉末的样品于干净的表面皿上，堆成一堆，将熔点管开口一端垂直插入样品堆中，样品进入管中，然后将熔点管开口朝上，垂直在桌面上撒几下，使样品进入管底，取一支长 30~40cm 的玻璃管垂直放在干净的表面皿上，将熔点管开口朝上，从玻璃管上端自由落下，重复十几次，至样品紧密结实，试样高度为 2~3mm。沾在管外的粉末须轻轻拭去，以免沾污加热液体。一种样品最好同时装三根熔点管，样品高度接近，进行重复操作。

(3) 仪器

实验室中常用的熔点测定仪器有两种：Thiele 管和双浴式熔点测定器，这两种测定仪器的特点是能使受热均匀。

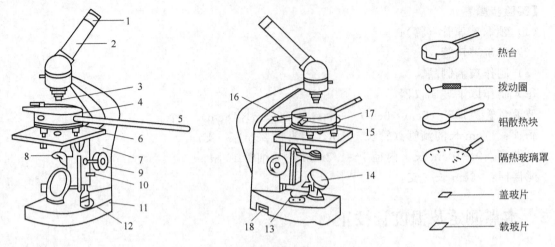

图 2-9 显微熔点测定仪

1—目镜；2—棱镜检偏部件；3—物镜；4—热台；5—温度计；6—载热台；7—镜身；8—起偏振件；9—粗动手轮；10—止紧螺钉；11—底座；12—波段开关；13—电位器旋钮；14—反光镜；15—拨动圈；16—上隔热玻璃；17—地线柱；18—电压表

① Thiele 管　Thiele 管，也称 b 形管，如图 2-10(a) 所示。管口装有开口软木塞，温度计插入其中，刻度面向木塞开口一侧，其水银球位于 b 形管上下两叉管口之间，装好样品的熔点管，借少许导热液沾附于温度计下端，使样品部分处于水银球侧面中部。b 形管中导热液高度达到上端叉口处。

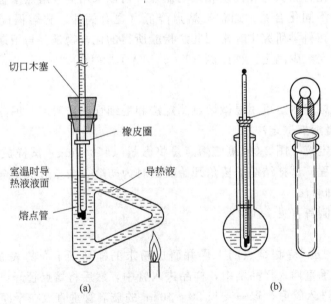

图 2-10 测熔点装置

② 双浴式熔点测定器　双浴式熔点测定器如图 2-10(b) 所示。它是由 250mL 长颈圆底（或平底）烧瓶、有棱缘的试管（试管的外径略小于瓶颈的内径）和温度计组成。烧瓶内装入约为其容积 1/2 的导热液。将试管经开口软木塞插入离烧瓶底 1cm 左右处，试管口也配一个开口软木塞，插入温度计，其水银球距试管底部约 0.5cm，熔点管的位置同 b 形管法。双浴式熔点测定器是利用热空气（空气浴）将温度计和样品加热，使受热更均匀，效果更

好，但温度上升较慢。试管内也可装导热液。

用 b 形管测熔点，管内温度分布相对不均匀，往往测得的熔点不够准确，但使用方便、加热快、冷却快，因此，实验室测熔点常用此方法。

导热液通常有浓硫酸、甘油、液体石蜡和硅油等。选用哪一种，根据所需温度而定。若温度低于 140℃，最好选用液体石蜡或甘油，药用液体石蜡可加热到 220℃ 仍不变色；若温度高于 140℃，可选用浓硫酸，但热的浓硫酸有极强的腐蚀性，如果加热不当，浓硫酸溅出易伤人。因此，测定熔点时一定要戴护目镜。当温度超过 250℃ 时，浓硫酸产生白烟，妨碍温度计的读数。在这种情况下，可在浓硫酸中加入固体硫酸钾，加热使成饱和溶液，然后进行测定。用浓硫酸为导热液时，有时由于有机物掉入酸中而使导热液变黑，妨碍对样品熔程过程的观察。在这种情况下可以加入一些硝酸钾晶体，以除去有机物。硅油也可以加热到 250℃，且比较稳定，透明度高，无腐蚀性，但价格较高。

(4) 熔点的测定

按如图 2-10 所示安装好仪器，加入合适的导热液，放好温度计和熔点管，用小火缓缓加热，开始加热时，温度上升可以较快（每分钟 5~6℃），到距离熔点 10~15℃ 时，调小火焰，使上升温度约每分钟 1℃。越接近熔点，升温速度应越慢（掌握升温速度是准确测定熔点的关键）。这一方面是保证有充分的时间让热量由管外传至管内，使固体熔化；另一方面因观察者不能同时观察温度计读数和样品的变化情况。只有缓慢加热，才能使此项误差减小。记下样品开始塌落并有液体产生（初熔）时和固体完全消失（全熔）时的温度计读数，即为该化合物的熔程，例如 123~124℃。物质越纯，熔程越小。要注意初熔前是否有萎缩或软化、放气及其他分解现象。

测定已知物熔点时，要有两次重复数据。两次测定误差不能大于 ±1℃。测定未知物时，要测定三次，一次粗测，两次精测，两次精测的误差也不能大于 ±1℃。每次测定必须用新的熔点管另装样品，不能将已测过熔点的熔点管冷却，使其中的样品固化后再做第二次测定。因为有时某些物质会产生部分分解，有些会转变成具有不同熔点的其他结晶形式。测定易升华物质的熔点时，应将熔点管的开口端烧熔封闭，以免升华。当连续测定样品的熔点时，导热液的温度要低于待测物熔点 30℃ 以下才可进行下一个样品的测定。

(5) 温度计校正

用以上方法测定熔点时，温度计上的熔点读数与真实熔点之间常有一定的偏差。这可能是由于温度计的误差引起的。所以，熔点测好后应对温度计进行校正。

校正温度计，常采用纯有机化合物的熔点作为校正标准。通过此法校正的温度计，上述误差可一并除去。校正时只要选择数种已知熔点的纯有机物作为标准，用待校正的温度计测定它们的熔点，以观察到的熔点作横坐标，测定熔点与标准熔点的差值作纵坐标，画成曲线。凡是用这支温度计测得的温度均可在曲线上找到校正值。

可用作标准的一些化合物熔点如表 2-1 所示，校正时可以选用。

零度的测定最好用蒸馏水和纯冰的混合物，在一个 15cm×2.5cm 的试管中放置蒸馏水 20mL，将试管浸在冰盐浴中冷至蒸馏水部分结冰，用玻璃棒搅动使成冰-水混合物，将试管从冰盐浴中移出，然后将温度计插入冰-水中，轻轻搅动混合物，温度恒定后（2~3min）读数。

表 2-1 标准化合物的熔点

化合物	熔点/℃	化合物	熔点/℃
冰-水（蒸馏水制）	0	尿素	133
α-萘胺	50	水杨酸	158
二苯胺	53	2,4-二硝基苯甲酸	183
苯甲酸苄酯	71	3,5-二硝基苯甲酸	205
萘	80	蒽	216.2～216.4
间二硝基苯	90	对硝基苯甲酸	242
乙酰苯胺	114	酚酞	262～263
苯甲酸	122	蒽醌	286（升华）

实验 2 熔点测定及温度计校正

【实验目的】
(1) 理解熔点测定的原理和意义。
(2) 掌握熔点测定的操作技术。

【实验原理】
见 2.2.1。

【主要仪器和试剂】
(1) 仪器：b 形熔点测定管（或双浴式熔点测定器），温度计，表面皿，玻璃管（30～40cm），熔点管。
(2) 试剂：二苯胺（AR），萘（AR），乙酰苯胺（AR），冰-水。

【实验步骤】
按图 2-10 所示安装好仪器，装入导热液[1]。封熔点管，将被测样品研细，装入熔点管，撳实样品[2]，将其用导热液沾附于温度计上，使样品位于水银球的中部，熔点管上端用胶套将其固定在温度计上（胶套不要进入导热液内），放入 b 形熔点测定管或双浴式熔点测定器中。按样品熔点从低到高的顺序测定熔点，分别记录熔程。每个样品至少测定两次（两次数值应一致）。最后测定冰-水的温度。以实测熔点为横坐标，以测定熔点与标准熔点的差值为纵坐标，画成曲线。

二苯胺的熔点：53℃；萘的熔点：80℃；乙酰苯胺的熔点：114℃。

注释
[1] 导热液不宜加得太多，以免受热后膨胀溢出引起危险。另外，液面过高易引起熔点管漂移，偏离温度计，影响测定的准确性。
[2] 装样要致密均匀，否则样品颗粒间传热不均，会使熔程变宽。

【思考题】
(1) 测熔点时，如果遇到下列情况，将产生什么结果？
① 熔点管壁太厚。
② 熔点管不干净。
③ 样品研得不细或装得不紧。
④ 加热太快。
(2) 甲、乙两样品熔点都为 149～150℃。用什么方法判断它们是否为同一物质？

2.3 沸点的测定

用蒸馏来测定液体的沸点（boiling point）是常用的方法，通常需要较多的液体量。具体方式方法和普通蒸馏相同。如果液体的量较少，甚至几滴，需要用微量法测定。

2.3.1 基本原理

液体化合物的沸点是它的重要物理常数之一。在使用和纯化过程中具有很重要的意义。

液体化合物受热时，随着温度的升高，它的饱和蒸气压也随着增加。当液体被加热到一定的温度时，液体的饱和蒸气压与大气压相等时，液体沸腾。液体在一个大气压（101.325kPa）下沸腾的温度即为该化合物的沸点。液体的沸点随着外界压力的变化而变化，外界压力增大，沸点升高；外界压力减小，沸点降低。在一定压力下，纯净化合物的沸点是固定的，并且沸程很短，一般为1℃左右。由于沸点随着外界压力改变而改变，所以讨论和引用沸点时，要注明沸点对应的压力，如未注明，一般是指一个大气压。

沸点测定分为常量法和微量法两种。常量法与蒸馏相同，详见2.4节。这里讨论微量法。

图 2-11 微量法测定沸点装置

2.3.2 微量法测定沸点的装置

微量法测定沸点的装置如图 2-11 所示。取一支长 8cm 左右、内径为 4mm 左右、下端封闭的玻璃管作为填装试料外管。另取一支下端封闭的毛细管作为内管（将两根内径为 1mm 的毛细管分别封口，然后在封口处将其熔接到一起，保持两支毛细管的轴线重合。离接点4~5mm 处切断，一端作内管的下端，另一端开口，总长度要大于外管长度1cm）。在外管中加入几滴待测定液体，液柱高度 8mm 左右，再放入内管。将外管用橡皮圈固定在温度计上，外管装液体部分位于温度计水银球中部，把装有沸点测定管的温度计放入到装有浴液小烧杯或 Thiele 管中。

2.3.3 测定方法

把浴液加热，由于受热气体膨胀，内管中的空气会慢慢逸出，当温度达到沸点时，气泡逸出的速度加快，此时停止加热，让浴液缓慢冷却，气泡逸出的速度渐渐减慢。在气泡不再冒出液体而要进入内管时，说明内管的饱和蒸气压与外界的大气压相等，此时的温度即为该液体的沸点。

为正确起见，等温度降下几摄氏度后再次慢慢加热，记下刚出现大量气泡逸出液体的温度，两次的读数差应该在1℃内。

实验3 沸点的测定

【实验目的】

(1) 理解沸点的概念及测定沸点的意义。
(2) 掌握微量法测定沸点的原理和方法。

【实验原理】
见 2.3.1。
【主要仪器和试剂】
(1) 仪器：Thiele 管，毛细管，软质玻璃管，温度计。
(2) 试剂：无水乙醇。
【实验步骤】
(1) 按 2.3.2 制作沸点测定内管（长 9cm，内径 1mm）和外管（长 7~8cm，内径 4~5mm）。
(2) 取 3~4 滴待测样品滴入沸点管的外管中[1]，按图 2-11 所示将内管插入外管中，沸点管固定在温度计旁，然后将其插入 Thiele 管（内盛液体石蜡）中，调节温度计的位置使水银球位于上下两叉管口中间。
(3) 测定待测样品的沸点[2]，重复测定[3]2~3 次，所得数值相差不应超过 1℃。
注释
[1] 外管中的液体要足够多，以防加热时液体全部汽化，无法进行测定。
[2] 加热不要过快，在接近样品沸点时，升温要慢一些，否则沸点管内的液体会迅速挥发而来不及测定。
[3] 重复测定时，要等浴温下降 15~20℃ 后再重新进行。
【思考题】
(1) 测定沸点有何意义？
(2) 用微量法测定沸点时，为什么把最后一个气泡刚要缩回至内管的瞬间温度作为该化合物的沸点？

2.4　常压蒸馏

常压蒸馏（simple distillation，也叫普通蒸馏或简单蒸馏，下称蒸馏）是分离和提纯液态有机物的常用方法。在通常情况下，纯的液态物质在大气压下有一定的沸点，不纯的液态物质沸点是变化的、不恒定的，所以可以用蒸馏的方法测定物质的沸点和定性检验物质的纯度。不过，一些物质相互能形成二元或三元共沸物，它们有确定的沸点（共沸点）。不能认为蒸馏温度恒定的物质都是纯物质。

应用蒸馏的方法可以把挥发性物质和不挥发性物质分离开，也可以把沸点差足够大的（30℃ 以上）液体物质分离开。

2.4.1　基本原理

蒸馏是将液态物质加热到沸腾，变成蒸气状态，再把蒸气冷凝为液体的过程。液体物质的分子有从其表面逸出的趋势，逸出的气体分子形成蒸气；这个过程有相反的趋势，即分子从蒸气中回到液体中。当两者速度相等，蒸气达到了饱和，称为饱和蒸气。它对液面产生的压力叫饱和蒸气压（下称蒸气压），一定物质的蒸气压只和温度有关。当物质的蒸气压与液体表面的大气压相等时，液体处于沸腾状态，此时的温度为该液体的沸点。

纯液体的沸程一般为 0.5~1℃，不纯的液体物质沸程宽泛。

对两种或两种以上的不同液体组成的混合液体加热时，低沸点、易挥发物质容易蒸发，在气相中比在原来的液体中有较多易挥发组分，相反，在剩余的液体中含有较多的难挥发组分。所以说蒸馏能够使各组分得到部分或完全分离。沸点差越大，分离效果越好。一般地讲，当两种液体的沸点差大于 30℃ 时，可以利用蒸馏办法来分离和提纯；沸点差小或者需要更高的纯度时，用分馏的办法来分离和提纯。

蒸馏开始加热时，在液体底部和玻璃受热的接触面上会有蒸气的气泡形成。溶解在液体内的空气或者以薄膜形式吸附在烧瓶内壁的空气有助于这种气泡的形成。这样的小气泡作为气化中心，可充当大的蒸气气泡的核心。温度达到沸点时，液体释放出大量蒸气到小气泡中。气泡中的总压力增加到超过大气压，并且能克服液体的压力时蒸气的气泡就上升逸出液面。如果在液体中有许多小的空气泡或其他气化中心时，液体就平稳地沸腾。如果没有气化中心，可能出现液体温度上升到超过沸点也不沸腾，这种现象称为"过热"。此时液体的蒸气压已远远超过大气压，因此上升的气泡增大非常快，甚至将液体冲溢出瓶外，这种不正常的沸腾称为"暴沸"。所以在加热前必须加入助沸物以引入气化中心，如素瓷片、沸石、一端封口的毛细管等。需要特别注意，在任何情况下，不可将助沸物在接近沸腾时加入，以免发生"冲料"现象。如发现未放助沸物，应该先冷却后再加入。

2.4.2 实验装置

蒸馏装置主要由蒸馏烧瓶、冷凝管和接收器三部分组成，如图 2-12 所示。

蒸馏装置的安装方法是：首先，根据蒸馏液体的量选择合适的圆底烧瓶。液体的体积占烧瓶容积的 1/3~2/3 为宜。安装顺序是先在板式铁架台上放好煤气灯（也可以是其他热源），再根据煤气灯灯口的高度及所需火焰高度来安装铁圈、石棉网（或水浴等），然后用烧瓶夹夹住烧瓶颈上端，通过双顶丝（十字头）固定在铁架台上，最好使烧瓶底离石棉网 1~2mm，再安装蒸馏头和温度计，温度计的位置是：温度计水银球的上缘和蒸馏头支管的下沿在同一水平线上，如图 2-12 所示。其次，安装冷凝管，用冷凝管夹和双顶丝将其固定在另一铁架台上，通过调节高度和角度使冷凝管的位置与装好的蒸馏瓶相适应，并与蒸馏头支管同轴，安插要严密。注意烧瓶夹和冷凝管夹都不

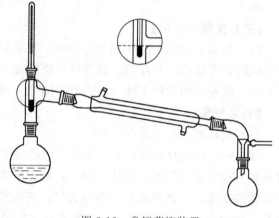

图 2-12 常压蒸馏装置

要太紧或太松。最后，在冷凝管的尾端连接接液管，并用橡皮筋固定住。接液管下端插入合适的接收瓶。安装仪器总的原则是：从下到上，从头至尾；要端正平直。所有仪器的轴线都要在一个平面内，铁架台处于整个装置的后面，便于操作。

如果蒸馏的液体不能和水接触，可在接液管上连干燥管；若蒸馏的液体有毒就应该在通风橱里操作或与吸收装置相连接。液体的沸点超过 140℃ 时，不能用水冷凝管，应改用空气冷凝管。

2.4.3 操作方法

把蒸馏液体通过玻璃漏斗倒入蒸馏烧瓶中，不要让液体从蒸馏头支管流出。加入几粒沸石，安装好温度计，再检查整个装置连接是否合乎要求，确认无误后，先从下进口给冷凝管通冷却水，再将上出口出水引入水槽中。加热，随着温度的上升，看到液体沸腾。蒸气逐渐上升，当温度计水银球接触到蒸气后，读数迅速上升。同时看到温度计水银球上有液滴滴落，此时，水银球上的液体与上升的蒸气达到平衡（蒸馏过程中，一定保证水银球上有液滴

或液膜）。进行蒸馏时，通过控制火焰温度和大小来调整蒸馏速度，通常以每秒 1~2 滴为宜。在记录本上记录第一滴馏分出现的温度，合理记录系列数值，以确定操作正确与否。准备好两个以上的接收瓶，未达到预期物质的沸点前的馏分为"前馏分"。"前馏分"蒸馏完，温度趋于稳定后，蒸馏出的就是较纯的物质，应换一个洁净干燥的接收瓶接收。当温度出现波动时，就可以停止蒸馏了。在任何情况下，不可将液体蒸干，以免发生意外。

在蒸馏低沸点有机物液体时，应该用水浴加热，不能用明火加热，也不宜用明火加热热水浴。

蒸馏完毕，先停止加热，再关冷凝水。拆卸装置与安装时的顺序相反：从尾至头，从上到下。

实验 4　常压蒸馏及沸点的测定

【实验目的】
（1）了解常压蒸馏的原理和应用。
（2）学习常压蒸馏的操作方法和常量法测定液体的沸点。

【实验原理】
见 2.4.1。

【主要仪器和试剂】
（1）仪器：50mL 圆底烧瓶，30mL 圆底烧瓶，温度计，蒸馏头，水冷凝管，接液管（尾接管），锥形瓶，升降架，铁架台，烧瓶夹，冷凝管夹等。
（2）试剂：粗乙酸丁酯（纯乙酸丁酯加入固体有色物质），乙酸丁酯，蒸馏水，沸石。

【实验步骤】
（1）粗乙酸丁酯的蒸馏

在 50mL 圆底烧瓶中，加入 20mL 粗乙酸丁酯，加入 2~3 粒沸石，安装好蒸馏装置[1]。检查各个接口是否严密，确认无误后，通冷凝水，加热。注意观察蒸馏烧瓶中的现象和温度计读数的变化。开始沸腾后，调整火焰，使馏速在每秒 1~2 滴[2]，记录第一滴的温度。当温度达到 126.5℃ 左右并稳定后，换另一个洁净干燥的接收瓶收集馏分。当温度计读数波动或烧瓶内剩余液体不足 1mL 时停止加热，关闭冷凝水。按与安装相反的顺序拆卸蒸馏装置，并清洗。计量液体的量，计算收率，产品回收。

（2）常量法测定乙酸丁酯或水的沸点

在 30mL 圆底烧瓶中加入 10mL 乙酸丁酯（或者蒸馏水）按（1）方法操作，液体蒸馏温度稳定后，记录温度计读数，即为液体的沸点。

注释
[1] 蒸馏过程中要保持蒸馏系统和大气相通，否则体系在加热时内部压力增加，可能造成液体冲开仪器，甚至有爆炸的危险。
[2] 冷凝水的流速以能保证蒸气全部冷凝为宜，不要太大，浪费水资源。

【思考题】
（1）蒸馏时加入沸石的作用是什么？如果在蒸馏过程中发现没加沸石，应如何处理？
（2）蒸馏装置各个仪器一定要安插严密，如果不严密可能会出现什么后果？
（3）液体具有恒定的沸点，可否认为是纯物质？

2.5 分馏

分馏(fractional distillation)是液体有机物分离提纯的一种方法。液体混合物各组分间，如果沸点差足够大，可以用普通蒸馏的方法分离开；如果沸点差不大，普通蒸馏难以分离开。这种情况就可以用分馏的方法分离。分馏在化学工业和实验室中被广泛使用，在工业生产中用精馏塔实现分馏操作，现已能将沸点差在1~2℃的混合物分开。在实验室中，使用分馏柱来实现分离。

2.5.1 基本原理

把两种不同沸点而又可以互溶的液体混合物加热至沸腾而气化，蒸气中易挥发液体的组分含量较多。把蒸气冷凝成液体，其组成与气相组成相等，也就是说该液体含有易挥发的组分较原来的液体为多。与此对应，残留液中含有较多的难挥发的液体组分。这相当于一次普通蒸馏。如果把气相冷凝的液相再加热沸腾气化，蒸气中的易挥发组分的含量又进一步增加。如此多次重复，最终会把这两个组分分开（共沸物除外）。分馏就是利用分馏柱来实现多次的简单蒸馏，从而达到分离沸点相差不大的液体组分的目的。

在分馏柱中，沸腾气化的蒸气，由于受到分馏柱外空气的冷却，其中的高沸点组分冷却为液体，当回流的冷凝液与上升的蒸气相遇接触，发生了热量交换，上升蒸气中高沸点组分被冷凝成液体，使下降的冷凝液中的高沸点组分增加；而下降冷凝液中的低沸点组分得到热量又气化成蒸气，使上升蒸气中的低沸点组分增加。在分馏柱中反复进行多次的热量交换和高沸点与低沸点物质的热量交换，相当于多次的汽-液平衡，等同于多次的蒸馏。如果分馏柱效率足够高，操作正确时，在分馏柱顶部出来的几乎就是纯净的易

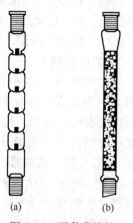

图 2-13 两种分馏柱

挥发组分，而烧瓶中回流的液体则几乎是纯净的难挥发的高沸点液体组分，达到了分离的目的。

分馏柱有多种类型，如图 2-13 所示，能适用于不同的分离要求。实验室中常用的分馏柱有填料柱[图 2-13(a)]和 Vigreux 分馏柱[图 2-13(b)]，前者可用于沸点相近的组分的分离，后者用于沸点差 15~20℃组分的分离。

2.5.2 分馏装置

分馏装置由蒸馏部分、冷凝部分与接收部分组成，如图 2-14 所示。与普通蒸馏装置相比，只是在烧瓶与蒸馏头间多了一个分馏柱，其他和普通蒸馏相同。蒸馏装置安装方法、顺序、要求与普通蒸馏相同。为了防止热量的散失，通常要对分馏柱保温。

2.5.3 分馏操作

把分馏液体加入到合适容量的蒸馏瓶中，加入几粒沸石，检查装置的严密性，然后通冷凝水，用合适的热源加热，烧瓶内液体沸腾后，调节加热温度，使蒸气慢慢上升。出现第一滴馏出液时，记下时间与温

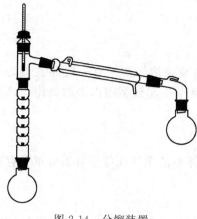

图 2-14 分馏装置

度。通过加热温度的调节，使馏速保持在2~3s 1滴。根据要求，分段收集馏分，并记下体积。计算收率。

实验5　分　　馏

【实验目的】
(1) 了解常压分馏的原理和应用。
(2) 学习实验室中分馏的操作方法。
(3) 比较分馏与蒸馏的分离效果。

【实验原理】
见 2.5.1。

【主要仪器和试剂】
(1) 仪器：50mL 圆底烧瓶，分馏柱，温度计，蒸馏头，水冷凝管，接液管（尾接管），锥形瓶，20mL 量筒，升降架，铁架台，烧瓶夹，冷凝管夹等。
(2) 试剂：丙酮-水（体积比 1∶1），沸石等。

【实验步骤】
取丙酮-水（体积比 1∶1）20mL，加于 50mL 圆底烧瓶中，加入 2~3 粒沸石，按图 2-14 所示安装好分馏装置[1]（将接收部分改为有冰水冷却的 20mL 量筒）。检查装置的严密性无误后，加热，烧瓶中液体沸腾后，调节加热温度，使蒸气慢慢上升，保证分馏柱内温度梯度均匀[2]。当馏分出现第一滴时，记下时间和温度，再次调节加热温度，使馏速保持在 2~3s 1滴。收集馏分记录馏分馏出体积对应的时间和温度，当烧瓶内液体的体积少于 1mL 时，停止加热，稍等一会儿后，关闭冷凝水，按与安装相反的顺序拆卸装置，并清洗仪器。在同样条件下对丙酮-水混合液进行常压蒸馏。以馏出液体积为横坐标，温度为纵坐标，分别绘制分馏曲线和蒸馏曲线，比较两者的分离效果。

注释
[1] 为了防止分馏柱散热，要对分馏柱保温，使分馏效率提高。
[2] 加热要尽量保持分馏柱内温度梯度均匀，分离效果好。

【思考题】
(1) 如果分馏的馏速快，分馏能力显著下降，为什么？
(2) 为什么说在操作正确的情况下，分馏分离的效果比蒸馏好？

2.6　水蒸气蒸馏

水蒸气蒸馏（steam distillation）是将水蒸气通入不溶或难溶于水但有一定挥发性的有机物质中，使该有机物质在低于 100℃ 的温度下，随着水蒸气一起被蒸馏出来的操作。该法是分离和纯化有机物质的常用方法之一。

2.6.1　基本原理

当水和不（或难）溶于水的化合物一起存在时，整个体系的蒸气压等于各组分单独存在时的蒸气压之和，即：

$$p_{混合物} = p_{水} + p_{有机物}$$

当混合物中各组分蒸气压总和等于外界大气压时，液体沸腾，这时的温度为该混合物的沸点，该沸点较混合物中任何一个组分的沸点都低。因此，在常压下应用水蒸气蒸馏，就能在低于100℃的情况下将高沸点组分与水一起蒸出来。此法特别适合于下列情况。

① 从含有大量树脂状或不挥发性物质中分离出所需的组分。
② 从较多固体反应物中分离出被吸附的液体。
③ 分离常压蒸馏会发生分解的高沸点有机物质。
④ 从某些天然物质中提取有效成分。

水蒸气蒸馏时混合物的沸点保持不变，直至其中一种组分几乎全部被蒸出（因为总的蒸气压与混合物各组分间的相对量无关），温度才上升至留在瓶中液体的沸点。

水蒸气蒸馏出的混合物蒸气中各气体分压（p_A、p_B）之比等于它们的物质的量（n_A、n_B）之比。即：

$$\frac{n_A}{n_B}=\frac{p_A}{p_B}$$

而 $n_A=m_A/M_A$，$n_B=m_B/M_B$，其中 m_A、m_B 为各物质在一定容积中蒸气的质量；M_A、M_B 为物质 A 和 B 的摩尔质量。因此：

$$\frac{m_A}{m_B}=\frac{M_A n_A}{M_B n_B}=\frac{M_A p_A}{M_B p_B}$$

可见，馏出液中各组分的相对质量（也是在蒸气中的相对质量）与它们的蒸气压和摩尔质量成正比。以苯胺为例，苯胺的沸点是184.4℃，若将苯胺进行水蒸气蒸馏，混合物在98.4℃沸腾。在此温度下，苯胺的蒸气压是5599.5Pa，水的蒸气压是95725.5Pa。苯胺的摩尔质量是93，水的摩尔质量是18。馏出液中苯胺与水的质量比为：

$$\frac{93\times 5599.5}{18\times 95725.5}=\frac{1}{3.3}$$

即每蒸出3.3g水能带出1g苯胺，占馏出液的23.26%。由于苯胺微溶于水，这个计算值是一个近似值。

根据以上原理，使用水蒸气蒸馏提纯的有机物应具备以下条件：
①不溶或难溶于水；②与水长时间共沸不发生化学反应；③在100℃左右时，待提纯物质应具有一定的蒸气压，一般不小于667Pa（5mmHg）。

2.6.2 水蒸气蒸馏装置

水蒸气蒸馏装置由水蒸气发生器、蒸馏部分、冷凝部分和接收部分组成，如图2-15所示。

2.6.3 水蒸气蒸馏操作

将被蒸馏的物质倒入蒸馏烧瓶中，其体积不应超过蒸馏烧瓶容积的1/3。打开T形管上的螺旋夹，用直接火加热水蒸气发生器。当水蒸气发生器中水沸腾时，有水蒸气从T形管口冲出时，关闭螺旋夹，使水蒸气通入蒸馏烧瓶中。这时烧瓶中混合物翻腾不息，当在冷凝管中有馏出液时，调节火焰，控制馏出液的馏出速度约为每秒2~3滴。为了使蒸气不致在烧瓶中冷凝而积累过多，在通入水蒸气前可在烧瓶下放一石棉网，用小火加热。

如果随水蒸气挥发的物质具有较高的熔点，在冷凝后易于析出固体，应调小冷凝水的流速，使它冷凝后仍保持液态。假如已有固体析出，并且接近阻塞时，可暂时停止冷凝水的通入，甚至需要将冷凝水暂时放去，以使物质熔融后随水流入接收器中。当重新通入冷凝水时，要小且缓慢，以免冷凝管因骤冷而炸裂。若冷凝管已经阻塞，应立即停止蒸馏并设法疏通，然后方可继续蒸馏。

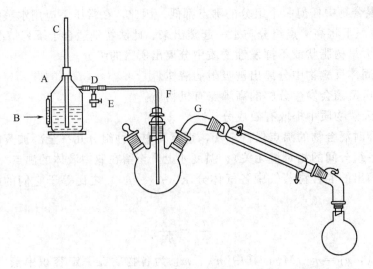

图 2-15 水蒸气蒸馏装置
A—水蒸气发生器；B—液面计；C—安全管；D—T形管；E—螺旋夹；F—水蒸气导管；G—馏出液导管

在蒸馏需要中断或蒸馏完毕时，一定要先打开螺旋夹通大气，然后停止加热，否则水蒸气发生器因冷却而产生负压，会使烧瓶中的液体倒吸到水蒸气发生器中。蒸馏过程中如果安全管中的水柱从柱顶喷出，说明系统发生堵塞，应立即打开螺旋夹，移去热源，检查烧瓶内的蒸气导管下口是否已被堵塞，待排除了堵塞后再继续进行蒸馏。

实验 6　水蒸气蒸馏

【实验目的】
(1) 理解水蒸气蒸馏的原理和意义。
(2) 学习水蒸气蒸馏的正确操作。

【实验原理】
见 2.6.1。

【主要仪器和试剂】
(1) 仪器：水蒸气发生器，T形管，螺旋夹，250mL 磨口三口烧瓶，75°双磨口弯管，直形冷凝管，磨口尾接管，锥形瓶，90°弯管。
(2) 试剂：苯胺-水混合液。

【实验步骤】
按图 2-15 所示安装水蒸气蒸馏装置[1]，将 40mL 苯胺-水混合液加入 250mL 烧瓶中，打开 T 形管的止水夹，加热水蒸气发生器使水沸腾，当有水蒸气从 T 形管冲出时，通入冷凝水，关闭止水夹，使水蒸气通入烧瓶中，若烧瓶中液体翻腾太剧烈，要调小火焰，使水蒸气进入烧瓶的速度降低，防止烧瓶中液体飞溅入冷凝管中，当有馏出液时，要通过调整火焰控制馏出液的速度为每秒 2~3 滴。当馏出液澄清透明不含油状物时[2]，打开螺旋夹，移去火焰，稍冷后关闭冷凝水。馏出液通过分液、萃取回收苯胺。

苯胺在 92℃时的饱和蒸气压为：4.400kPa（33mmHg）；苯胺在 102℃时的饱和蒸气压为：6.666kPa（50mmHg）。

注释

[1] 三口烧瓶也可以用圆底烧瓶上装配蒸馏头或克氏蒸馏头代替。

[2] 当馏出液不再浑浊时,用表面皿取少量馏出液,在日光或灯光下观察是否有油珠状物质,如果没有,可停止蒸馏。

【思考题】

(1) 进行水蒸气蒸馏时,蒸气导入管的末端为什么要插入到接近于容器的底部?

(2) 水蒸气蒸馏时,随着蒸气的导入,蒸馏瓶中液体越积越多,以致有时液体冲入冷凝管中,如何避免这一现象?

2.7 减压蒸馏

减压蒸馏(vacuum distillation)是分离提纯液态有机化合物的一种重要方法,该方法特别适合于在常压下沸点较高及常压蒸馏易发生分解、氧化、聚合等有机物的分离提纯。

2.7.1 基本原理

液体的沸点是指它的蒸气压等于外界大气压时的温度,因此液体的沸点是随外界压力的变化而变化的,如果借助于真空泵降低盛有液体的系统内压力,就可以降低液体的沸点。这种在较低压力下进行蒸馏的操作称为减压蒸馏。

减压蒸馏时物质的沸点与压力有关。有时在文献中查不到与减压蒸馏选择的压力相应的沸点,可以根据下面的经验曲线(图2-16)找出该物质在此压力下的沸点近似值。

如二乙基丙二酸二乙酯常压下沸点为 218~220℃,欲减压至 20mmHg,这时它的沸点是:在图2-16中间线上找218~220℃点,将此点与右边线20mmHg处的点连成一直线,延长此直线与左边的直线相交,交点所示的温度就是20mmHg时二乙基丙二酸二乙酯的沸点,约为105~110℃。

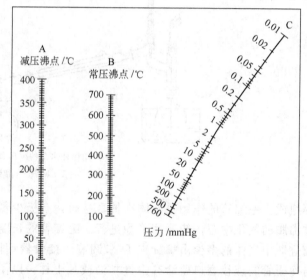

图 2-16 液体有机物在常压、减压下的沸点近似图
(1mmHg=133.322Pa 1个大气压=101.325kPa)

多数高沸点有机化合物在压力约为20mmHg时,其沸点比常压时低100~120℃,当减压蒸馏压力在10~25mmHg时,大约压力每降低1mmHg,沸点约降低1℃。当要进行减压蒸馏时,应预先粗略估计出相应的沸点,对具体操作和选择合适的温度计有一定的参考价值。

2.7.2 减压蒸馏装置

减压蒸馏装置由蒸馏、抽气以及在它们之间的保护和测压装置三部分组成,如图2-17所示。

(1) 蒸馏部分

蒸馏部分由蒸馏瓶、克氏蒸馏头、温度计、毛细管、直形冷凝管、多头尾接管及接收瓶

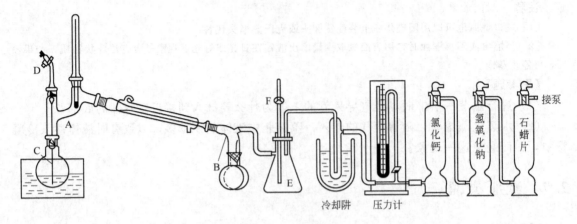

(a) 用油泵的减压蒸馏装置
A—克氏蒸馏头；B—多头尾接管；C—毛细管；D—螺旋夹（夹在毛细管上端的橡皮管上）；E—安全瓶；F—二通旋塞

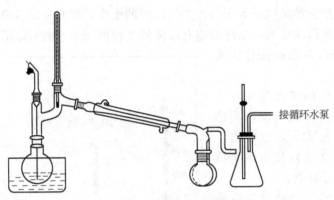

(b) 用循环水泵的减压蒸馏装置
图 2-17 减压蒸馏装置

等组成。毛细管的作用是液体在抽真空时，有极少量气体进入液体呈微小气泡冒出，作为液体沸腾的气化中心，使蒸馏平稳进行。毛细管的长度恰好使其下端距瓶底 1～2mm，进入蒸馏烧瓶中气体的多少由螺旋夹 D 来调节。接收器用圆底烧瓶，不能用锥形瓶。多头尾接管与冷凝管的连接磨口要涂有少量甘油或凡士林，以便转动多头尾接管，使不同的馏分流入指定的接收器中。

(2) 抽气部分

实验室通常用水泵或油泵减压。

① 水泵　水泵所能达到的最低的压力，理论上相当于当时水温下水的蒸气压。水温为 18℃ 时，水的蒸气压为 2kPa（15.5mmHg）；水温为 10℃ 时，水的蒸气压为 1.2kPa（9mmHg）。这对一般的减压蒸馏是可以的。用水泵进行抽气时，将水泵接在安全瓶的导管上，如图 2-17(b) 所示（循环水泵本身带有压力表），以防止水流倒吸。

② 油泵　若需要较低的压力，要用油泵进行抽气，如图 2-17(a) 所示。好的油泵应能抽到 0.1333kPa（1mmHg）以下。油泵的好坏取决于其机械结构和油的质量。使用油泵时要注意油泵的防护保养，不使有机物质、水、酸等的蒸气浸入泵内。如果蒸馏挥发性较大的液体有机物时，易挥发性的有机物质的蒸气可被泵内的油吸收，而增加油的蒸气压，降低真

空效能，即降低泵的效率；水蒸气凝结在泵内，会使油乳化，破坏油泵的正常工作，也会降低泵的效率；酸蒸气会腐蚀油泵的机件。

③ 保护和测压装置部分　当用油泵进行减压时，为了保护油泵，必须在接收器和油泵之间依次安装安全瓶、冷却阱、测压计和几种吸收塔，如图 2-17(a) 所示。其中安全瓶的作用是通过活塞放气以调节系统压力，防止油泵中油倒吸和防止蒸馏时因突然发生暴沸现象物料进入减压系统。冷却阱用来冷凝被抽出来的沸点较低的组分，如水蒸气和一些挥发性物质。冷却阱置于盛有冷却剂的广口保温瓶中，冷却剂的选择视具体情况而定，可用冰-水、冰-盐、冰-乙醇等。吸收塔（又称干燥塔）通常设两个，前一个装无水氯化钙（或硅胶），后一个装粒状氢氧化钠，用于吸收水分、酸性气体。有时为了吸收烃类气体，可再加一个装石蜡片的吸收塔。

测压计的作用是指示减压蒸馏系统内的压力，通常用水银测压计，如图 2-18 所示。图 2-18(a) 为封闭式水银压力计，两臂液面高度之差即为减压蒸馏系统内的压力。图 2-18(b) 为开口式水银压力计，两臂汞柱高度之差即为大气压与体系压力之差，蒸馏系统内的实际压力为：实际压力＝大气压力（mmHg）－汞柱差。

开口式压力计较笨重，读数方式较麻烦，但准确。封闭式压力计比较轻巧，读数方便，但常常因为有残留空气，以致不够准确，常需用开口式

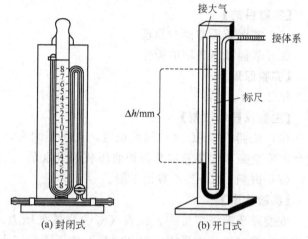

图 2-18　水银测压计

的来校正。使用时应避免水或其他污物进入压力计内，否则将严重影响其准确度。

循环水泵上带有压力表，用循环水泵时，系统压力＝$p_{大气压}-p_{真空表读数}$＝(760－表数/$133×10^{-6}$) mmHg。循环水泵上表的读数单位是 MPa。

2.7.3　减压蒸馏操作

安装好仪器后，在开始蒸馏之前，要检查装置的气密性和装置能减压到何种程度。具体方法是：先旋紧毛细管上的螺旋夹 D，打开安全瓶上的二通旋塞 F，然后开泵抽气，逐渐关闭二通旋塞。待压力稳定后，观察压力计（水泵看真空表）读数。系统压力能达到所需压力且保持不变，说明系统密闭。然后慢慢旋开安全瓶上旋塞，放入空气，直到内外压力相等为止。如果压力计（表）上的读数不能达到油泵（水泵）应该达到的减压程度，说明系统漏气，应仔细检查各部分连接处何处漏气。待排除漏气点后，再重新检查系统的气密性，直至压力稳定并达到所需压力。

检查完装置的气密性后，在圆底烧瓶中放入占其容积 1/3～1/2 的待蒸馏物质。开泵抽气，关闭安全瓶上的二通旋塞，调节毛细管上的螺旋夹，使烧瓶中液体内有连续平稳的小气泡。当系统压力平稳且达到所需压力，查出在该压力下液体的沸点。开启冷凝水，选择合适的热浴加热蒸馏。加热时蒸馏烧瓶至少应有 2/3 浸入浴液中。由于减压蒸馏时一般液体在较低的温度下就可以被蒸出，因此，加热不要太快。控制浴温比待蒸馏液体的沸点高 20～30℃。液体沸腾后，再调节浴温，使馏出液馏出速度为每秒 1～2 滴。在整个蒸馏过程中，

要密切注意瓶颈上温度计和压力的读数。当有馏分蒸出时，记录其沸点、相应的压力读数。纯物质的沸点范围一般不超过 1～2℃，假如起始蒸出的馏液比要收集物质的沸点低，则在蒸至接近预期的温度时要转动尾接管的位置，使馏出液流入不同的接收瓶中。

蒸馏完毕（或蒸馏过程中需要中断）时，应先移去火源，撤去热浴，打开毛细管上螺旋夹，稍冷后，慢慢打开安全瓶上的二通旋塞，使体系内外压力平衡，待压力计（表）恢复到零的位置，再关泵。否则由于系统中压力低，会发生油泵中的油倒吸入干燥塔中或水泵中水进入安全瓶中的现象。

实验 7 减 压 蒸 馏

【实验目的】
(1) 掌握减压蒸馏的原理。
(2) 掌握减压蒸馏的操作。

【实验原理】
见 2.7.1。

【主要仪器和试剂】
(1) 仪器：50mL 磨口圆底烧瓶，克氏蒸馏头，直形冷凝管，多头尾接管，毛细管，温度计，安全瓶，油泵及油泵保护测压装置或水泵。
(2) 试剂：20mL 乙酸正丁酯。

【实验步骤】
安装减压蒸馏装置[1]，检查气密性及系统压力。系统不漏气后，慢慢打开安全瓶上二通旋塞，使内外压力平衡。取 20mL 乙酸正丁酯加入到 50mL 磨口圆底烧瓶中，缓慢关闭安全瓶上二通旋塞，调节毛细管进空气量，记下压力平稳时压力计读数或水泵上真空表的读数，算出在减压下所要接收液体的沸点。通冷凝水，加热，接收相应馏分[2]。同时记录蒸馏过程中馏分蒸出时的沸点、相应的压力读数。蒸馏完毕时，停止加热，撤去热源，旋开毛细管上的螺旋夹，稍冷，慢慢打开安全瓶的旋塞，解除真空，关泵，回收产品，拆仪器。

乙酸正丁酯沸点为 126.5℃。

注释
[1] 减压蒸馏装置中的蒸馏瓶和接收瓶均不能使用不耐压的平底仪器（如锥形瓶、平底烧瓶等）或有破损的仪器，以防由于装置内处于真空状态，外部压力过大而引起爆炸。
[2] 如温度计未经校正，读数会有误差，应根据具体情况接收一个相近的稳定馏分。

【思考题】
(1) 在什么情况下采用减压蒸馏？
(2) 使用油泵减压时，要有哪些吸收和保护装置？其作用是什么？
(3) 减压蒸馏完毕，应如何停止减压蒸馏？为什么？

2.8 萃取

萃取（extraction）是有机化学实验中分离和提纯有机化合物的常用操作之一。应用萃取可以从固体或液体混合物中提取所需要的物质，也可以用来洗去混合物中少量的杂质。通常前者称为"提取"或"萃取"，后者称为"洗涤"。萃取可以分为液-液萃取和液-固萃取。

2.8.1 基本原理

(1) 液-液萃取

利用物质在两种互不相溶（或微溶）的溶剂中溶解度或分配比不同，使某一物质从一种溶剂中转移到另一种溶剂中的过程称为萃取，经过若干次这样的过程，就可以把绝大部分的该物质提取出来。

在两种互不相溶的两相溶剂中，加入某种物质时，当在一定温度下，该物质与此两种溶剂不发生作用时，该物质在这两种溶剂的两相中的浓度比是一个定值，即 $K=c_A/c_B$，这种关系叫做"分配定律"。c_A、c_B 分别表示一种化合物在两种互不相溶的溶剂中的浓度。K 是一个常数，称为"分配系数"。

当用一定量的溶剂萃取有机化合物时，萃取一次是不够的，必须进行多次萃取。利用分配定律，可以算出经萃取后有机物在原溶液中的剩余量为：

$$m_n = m_0 \left(\frac{KV}{KV+S} \right)^n$$

式中　m_n——萃取 n 次后原溶液中剩余有机物的质量，g；

　　　　m_0——原溶液中溶解的有机物的质量，g；

　　　　S——每次用的与原溶液互不相溶的溶剂的体积，mL；

　　　　V——原溶液的体积，mL；

　　　　n——萃取次数。

式中 $KV/(KV+S)$ 恒小于1，所以 n 越大，m_n 越小。也就是说将全部萃取剂分为多次萃取比一次全部用完萃取效果要好。当溶剂总量保持不变时，萃取次数（n）增加，每次萃取剂的量（S）就要减小。当 $n>5$ 时，n 和 S 这两种因素的影响几乎抵消了，再增加萃取次数，m_n/m_{n+1} 的变化很小，所以一般同体积溶剂分为 3～5 次萃取即可。每次所用萃取剂约为被萃取溶液体积的 1/3。

上面结论也适用于从溶液中除去（或洗去）溶解的杂质。

萃取效率还与萃取剂的性质有关。选择萃取剂的原则是：萃取剂纯度高、沸点低、毒性小，具有良好的化学稳定性；对待萃取物溶解度大，与原溶剂不相溶，且与原溶剂密度相差较大。有机化合物在有机溶剂中一般比在水中溶解度大，用有机溶剂提取溶解于水的化合物是萃取的典型实例。一般难溶于水的物质用石油醚萃取；较易溶于水的物质用苯或乙醚萃取；易溶于水的物质用乙酸乙酯或类似的溶剂萃取。常用的萃取剂有乙醚、苯、四氯化碳、石油醚、氯仿、二氯甲烷、乙酸乙酯等。若从有机物中洗出酸、碱或其他水溶性杂质，可分别用稀碱、稀酸或直接用水洗涤。

(2) 液-固萃取

用于从固相中提取物质，是利用溶剂对样品中待提取物和杂质溶解度的不同达到分离提纯的目的。

2.8.2 操作

(1) 液-液萃取

液-液萃取是指从溶液中提取所需物质的方法。从溶液中萃取物质最常使用的仪器是分液漏斗。操作时一般选择一个比被萃取液大 1～2 倍体积的分液漏斗，在下端活塞上涂少许凡士林，向同一方向旋转活塞使其均匀透明，关闭活塞。向分液漏斗中加入一定量的水，将上口塞子盖好，上下摇动，检查是否漏水，不漏水后方可使用。试漏后，把分液漏斗放在铁圈中（铁圈固定在铁架上，铁圈最好用石棉绳缠扎起来），将待萃取的溶液和萃取剂依次从

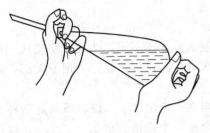

图 2-19　分液漏斗的振荡

上口倒入分液漏斗中,塞好塞子(此塞子不能涂油),封闭通气孔,以免振荡时漏液。取下分液漏斗振荡,使两相之间的接触面增大,提高萃取效率。振荡时按如图 2-19 所示把分液漏斗倾斜,使漏斗的上口略朝下,右手握住漏斗上口颈部,并用食指根部压紧上口塞子,左手握住下面的旋塞,握持旋塞的方式既要能防止振荡时旋塞转动或脱落,又要便于灵活地旋开旋塞放气,使内外压力平衡,若漏斗内有易挥发溶剂,如乙醚、苯等,或用碳酸钠溶液中和酸液,振荡后,更应注意及时旋开旋塞,放出气体。如不及时放气,易造成分液漏斗的塞子被顶开,使液体喷出。放气时,不要对着人,一般振荡 2~3 次放一次气。经几次振荡放气后,将分液漏斗放在铁圈上,将塞子上的小槽对准漏斗上的通气孔,静置,待两层液体完全分开后,下层液体自活塞放出,放出液体时把分液漏斗的下端靠在接收器的壁上。分液时要尽可能分离干净,有时在两相间可能出现一些絮状物也应同时放出。然后将上层液体从分液漏斗上口倒出,切不可从下面活塞放出,以免被残留在漏斗颈上的第一种液体沾污。将萃取相接收到干燥的锥形瓶中,被萃取相(通常是水相)再加入新的萃取剂继续萃取。重复以上操作,萃取完后,合并萃取相,加入合适的干燥剂进行干燥,然后蒸去溶剂。萃取所得的有机物根据其性质可利用蒸馏、重结晶等方法纯化。

萃取时,有时会遇到水层与有机层难分层的现象,特别是当被萃取液呈碱性时,常常出现乳化现象,难分层。遇此情况可以采取以下相应措施使其彻底分层:①若因两种溶剂(水与有机溶剂)能部分互溶而发生乳化,可延长静置时间;②若因萃取剂与水层的密度较接近而难分层,可以加入少量电解质(如氯化钠),增加水层的密度,即可迅速分层,此外,用无机盐(通常用氯化钠)使水溶液饱和后,能显著降低有机物在水中的溶解度,明显提高萃取效果,这就是所谓的"盐析作用";③若因被萃取液呈碱性而产生乳化,常可加入少量稀硫酸,并轻轻振荡常能使乳浊液分层。

(2) 液-固萃取

从固体混合物中提取物质时,常用浸取法和连续提取法。

① 浸取法　将溶剂加到被萃取的固体物质中加热,使易溶于萃取剂的物质提取出来,然后进行分离纯化。当使用有机溶剂作萃取剂时,应使用回流装置。

② 连续提取法　当待提取的物质在溶剂中溶解度很小时采用连续提取法。实验室中常用 Soxhlet 提取器来进行,Soxhlet 提取器由烧瓶、提取筒和回流冷凝管三部分组成,如图 2-20(a) 所示。

Soxhlet 提取器是利用溶剂的回流及虹吸原理,使固体物质连续不断地被纯的热溶剂所萃取,减少了溶剂用量,缩短了提取时间,效率较高。萃取之前,应先将固体物质研细,以增加溶剂浸溶的面积。然后将固体物质装入滤纸

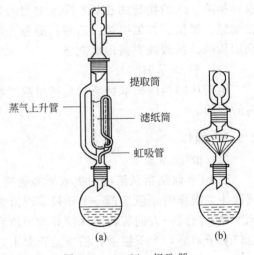

图 2-20　Soxhlet 提取器

筒内,轻轻压实,再盖上一层直径略小于滤纸筒的滤纸片,以防止固体粉末漏出堵塞虹吸管。滤纸筒的直径应略小于提取筒的内径,以便于取放。筒中所装固体物质的高度应低于虹吸管的最高点,使萃取剂能充分浸润被萃取物质。从提取筒上口加入溶剂,当发生虹吸时,液体流入蒸馏瓶,再补加过量溶剂(根据提取时间和溶剂的挥发程度而定),一般为 30mL 左右。向圆底烧瓶中加入沸石,装上冷凝管,通入冷凝水,开始加热,液体沸腾后开始回流,溶剂蒸气从烧瓶进到冷凝管中,冷凝后回流到提取筒中,液体在提取筒中蓄积,使固体浸入溶剂中。当提取筒中液面超过虹吸管顶部时,蓄积的液体带着从固体中提取出来的易溶于溶剂的物质流入蒸馏瓶。溶剂受热又会被蒸发,溶剂蒸气经冷凝又回到提取筒的固体物质里,如此循环,萃取物不断地积累在烧瓶中,直至固体中可溶物质几乎全部被提取出来为止。一般需要数小时才能完成,提取液经浓缩或减压浓缩蒸出溶剂后,即获得提取物。

如果样品量少,可用简易半微量提取器,如图 2-20(b) 所示,把被提取物放到折叠滤纸中,操作方便,效果好。

在提取过程中应注意调节温度,以免提取出的溶质较多时,温度过高会使溶质在瓶壁上结垢或炭化。当物质受热易分解或萃取剂的沸点较高时,不宜使用此方法。

实验 8　从茶叶中提取咖啡因

【实验目的】
(1) 了解从茶叶中提取咖啡因的原理和方法。
(2) 学习用 Soxhlet 提取器提取的操作技术。

【实验原理】
咖啡因是一种嘌呤衍生物,存在于咖啡、茶叶、可可豆等植物中,化学名称是 1,3,7-三甲基-2,6 二氧嘌呤。

咖啡因为无色柱状晶体,熔点 238℃,是弱碱性化合物,易溶于热水、氯仿、乙醇等。含结晶水的咖啡因为无色针状结晶,味苦,在 100℃时即失去结晶水,并开始升华,120℃时升华相当显著,至 178℃时升华很快。

咖啡因具有兴奋中枢神经和利尿等生理作用,除广泛用于饮料之外,也应用于医药,例如它是复方阿司匹林的组成成分之一。过度使用咖啡因会增加抗药性并产生轻度上瘾。工业上,咖啡因主要通过人工合成制得。

咖啡因

茶叶中咖啡因的含量约为 1%～5%。本实验从茶叶中提取咖啡因是用乙醇作溶剂,用 Soxhlet 提取器进行提取。茶叶中除含有咖啡因外,还含有单宁酸(11%～12%)、色素(0.6%)及蛋白质等。单宁酸不是一种单一的化合物,而是由若干种多元酚的衍生物所组成的具有酸性的混合物。单宁酸不溶于苯,但有几种组分可溶于水或醇。所以用乙醇提取茶叶,所得到的提取液中含有单宁酸。向提取液中加碱,生成单宁酸盐,即可使咖啡因游离出来,然后用升华法纯化。

【主要仪器和试剂】
(1) 仪器:提取器,圆底烧瓶(250mL),球形冷凝管,水浴锅,蒸发皿,表面皿,量筒,玻璃漏斗,锥形瓶,蒸馏头,温度计,烧杯,直形冷凝管。
(2) 试剂:茶叶末,95%乙醇,氧化钙。

【实验步骤】

称取 10g 茶叶末，装入 Soxhlet 提取器 [图 2-20(a)] 的滤纸筒中，轻轻压实，筒上口盖一片滤纸，置于 Soxhlet 提取器中。在 250mL 圆底烧瓶中加入 120mL 95% 乙醇和几粒沸石，水浴加热，连续提取 2～3h 后[1]，待冷凝液刚刚虹吸下去时，立即停止加热。稍冷后改成蒸馏装置，水浴加热回收提取液中的大部分乙醇。将残液倒入蒸发皿中，拌入 3g 研细的氧化钙[2]，在蒸汽浴上蒸干。最后将蒸发皿移至煤气灯上隔石棉网焙炒片刻，使水分全部除去[3]。冷却，擦去沾在边上的粉末，以免升华时污染产物。

将一张剌有许多小孔的圆形滤纸盖在装有粗咖啡因的蒸发皿上，取一大小合适的玻璃漏斗罩于其上，用沙浴小心加热升华[4]。当纸上出现白色毛状结晶时，暂停加热，冷至 100℃ 左右，揭开漏斗和滤纸，用小刀仔细将附着于滤纸和漏斗上的咖啡因刮下。残渣经搅拌后，用较大的火焰再加热升华一次。合并两次升华产物，测定熔点。

注释

[1] 若提取液颜色很淡时，即可停止抽提。

[2] 氧化钙起吸水和中和作用，它与单宁等酸性杂质反应生成钙盐，游离的咖啡因就可以通过升华提纯。

[3] 若水分未除尽，升华开始时会出现烟雾，污染器皿。

[4] 在萃取回流充分的情况下，升华操作的好坏是本实验成败的关键。在升华过程中，始终须用小火间接加热。温度太高会使滤纸炭化变黑，并把一些有色物质烘出来，使产品不纯。

【思考题】

(1) Soxhlet 提取器的萃取原理是什么？它和一般的浸泡萃取比较，有哪些优点？

(2) 进行升华操作时应该注意什么？

2.9 干燥

干燥（dehydration）是有机化学实验室中最常用到的重要操作之一，其目的在于除去固体、液体或气体中的少量水分或少量有机溶剂。固体中的水分会造成熔点降低，因而得不到正确的测定结果；液体中的水分会与液体形成共沸物，在蒸馏前若不干燥，会导致"前馏分"过多，产物损失，甚至沸点也不准；试剂中的水分有时会严重干扰反应，如在制备格氏试剂或酰氯的反应中，若不能保证反应体系的充分干燥就得不到预期产物；反应产物如不能充分干燥，在波谱分析等测试中就得不到正确的结果。

2.9.1 基本原理

干燥的方法因被干燥物料的物理性质、化学性质以及干燥的程度不同而不同。干燥方法分为物理方法和化学方法两种。

物理方法中有烘干、晾干、吸附、分馏、共沸蒸馏和冷冻等。近年还常用离子交换树脂和分子筛进行干燥。

化学方法常采用干燥剂除水。根据除水作用原理分为两种。一种是干燥剂能与水可逆地结合，生成水合物。例如：

$$CaCl_2 + nH_2O =\!=\!= CaCl_2 \cdot nH_2O$$

另一种是与水发生不可逆的化学反应，生成新的化合物。例如：

$$2Na + 2H_2O =\!=\!= 2NaOH + H_2 \uparrow$$

使用干燥剂时要注意以下几点。

① 干燥剂与水的反应为可逆反应时，反应达到平衡需要一定时间。因此，加入干燥剂后，一般最少要 2h 或更长一点的时间后才能收到较好的干燥效果。因反应可逆，不能将水完全除尽，故干燥剂的加入要适量，一般为溶液体积的 5% 左右。当温度升高时，这种可逆反应的平衡向脱水方向移动，所以在蒸馏前，必须将干燥剂滤除，否则被除去的水将返回液体中。另外，若把盐留在蒸馏瓶底，受热时会发生迸溅。

② 干燥剂与水发生不可逆反应时，使用这类干燥剂在蒸馏前不必滤除。

③ 干燥剂只适用于干燥少量水分。若水的含量大，干燥效果不好。为此，萃取时应尽量将水层分净，这样干燥效果好，且产物损失少。

2.9.2 固体的干燥

固体有机化合物的干燥，主要是除去残留在固体里的少量溶剂，如水、乙醇、乙醚、丙酮等。由于固体有机化合物的挥发性比溶剂小，所以可采用蒸发和吸附的方法来达到干燥的目的。

蒸发的方法有自然干燥和加热干燥。

自然干燥是最简便的方法。干燥时将固体放在表面皿或敞口容器中，薄薄摊开，让其在空气中慢慢晾干。为防止灰尘落入，上面可盖一张滤纸。应注意被干燥的固体有机化合物应该是稳定、不分解和不吸水的。

加热干燥是为了加快干燥速度，对于熔点较高、遇热不分解的固体，可用红外灯或放入烘箱烘干。注意加热温度应低于固体有机物的熔点，并经常加以翻动，以防结块。含有较多有机物溶剂的固体不宜直接放入烘箱烘干，以免发生危险。

吸附的方法是放在干燥器里进行干燥，在干燥器内装有各种类型的干燥剂。对易分解、易升华、易吸水的固体有机化合物应放在干燥剂内干燥。干燥器干燥有以下几种方式。

① 普通干燥器干燥：该法一般适用于保存易吸潮的样品。它干燥样品所耗的时间长，干燥效率不高。

② 真空干燥器干燥：该法可提高干燥效率。使用时应注意，真空度不宜过高，一般用水泵抽气即可，以防干燥器炸裂。新的干燥器应先试抽，检验是否耐压。应装有安全装置，以防倒吸。要开启干燥器，应先放气且不宜太快，以防空气进入太快将样品冲散。

③ 真空恒温干燥器干燥：该法干燥效率高，尤其是去除结晶水或结晶醇，此法更好。使用时将装有样品的小舟放入夹层内，连接盛有干燥剂（一般常用的是五氧化二磷）的曲颈瓶，然后用水泵抽到一定的真空度时，先将旋塞关闭，再停止抽气。若不关闭旋塞而连续抽真空，则干燥器内的气体不能再流入水泵，反而有可能使水汽扩散到干燥器内。当干燥要求较高时可每隔一段时间抽一次。使夹层内样品在减压和恒定的温度下进行干燥。

干燥器中干燥剂的选择根据除去溶剂的性质而定，常用干燥剂如表 2-2 所示。同时应不与被干燥的固体有机化合物发生作用。

表 2-2 干燥器内常用的干燥剂

干燥剂	吸去的溶剂或其他杂质	干燥剂	吸去的溶剂或其他杂质
CaO	水、醋酸、氯化氢	P_2O_5	水、醇
$CaCl_2$	水、醇	石蜡片	醇、醚、石油醚、甲苯、氯仿、四氯化碳
NaOH	水、醋酸、氯化氢、醇、酚	硅胶	水
H_2SO_4	水、醋酸、醇		

2.9.3 液体的干燥

(1) 干燥剂的选择

干燥剂应与被干燥的液体有机化合物不发生化学反应,包括溶解、络合、缔合和催化等作用,例如酸性化合物不能用碱性干燥剂等。表 2-3 列出了各类有机物常用的干燥剂。

表 2-3 各类有机物常用干燥剂

化合物类型	干燥剂	化合物类型	干燥剂
烃	$CaCl_2$,Na,P_2O_5	酮	K_2CO_3,$CaCl_2$,$MgSO_4$,Na_2SO_4
卤代烃	$CaCl_2$,$MgSO_4$,Na_2SO_4,P_2O_5	酸、酚	$MgSO_4$,Na_2SO_4
醇	K_2CO_3,$MgSO_4$,CaO,Na_2SO_4	酯	$MgSO_4$,Na_2SO_4,K_2CO_3
醚	$CaCl_2$,Na,P_2O_5	胺	KOH,NaOH,K_2CO_3,CaO
醛	$MgSO_4$,Na_2SO_4	硝基化合物	$CaCl_2$,$MgSO_4$,Na_2SO_4

(2) 干燥剂的吸水容量和干燥效能

干燥效能是指达到平衡时液体被干燥的程度。对于形成水合物的无机盐干燥剂,常用吸水后结晶水的蒸气压来表示干燥剂效能。如硫酸钠形成 10 个结晶水,蒸气压为 260Pa;氯化钙最多能形成 6 个水的水合物,其吸水容量为 0.97,在 25℃时水蒸气压力为 39Pa。因此硫酸钠的吸水容量较大,但干燥效能弱;而氯化钙吸水容量较小,但干燥效能强。在干燥含水量较大而又不易干燥的化合物时,常先用吸水容量较大的干燥剂除去大部分水分,再用干燥效能强的干燥剂进行干燥。

各类有机物常用干燥剂的性能与应用范围如表 2-4 所示。

表 2-4 常用干燥剂的性能与应用范围

干燥剂	吸水作用	吸水容量/g	干燥效能	干燥速度	应用范围
氯化钙	形成 $CaCl_2 \cdot nH_2O$ $n=1,2,4,6$	0.97 按 $n=6$ 计算	中等	较快,吸水后表面覆盖黏稠薄层,故应放置较长时间	不能用于干燥醇、酚、胺。工业氯化钙不能干燥酸类
硫酸镁	形成 $MgSO_4 \cdot nH_2O$ $n=1,2,4,5,6,7$	1.05 按 $n=7$ 计算	较弱	较快	中性,可代替氯化钙,可干燥酯、醛、酮、腈、酰胺等
硫酸钠	$Na_2SO_4 \cdot 10H_2O$	1.25	弱	缓慢	中性,一般用于液体有机物的初步干燥
硫酸钙	$2CaSO_4 \cdot H_2O$	0.06	强	快	中性,常与硫酸镁配合,作最后干燥
碳酸钾	$K_2CO_3 \cdot \frac{1}{2}H_2O$	0.2	较弱	慢	弱碱性,用于干燥醇、酮、酯、胺及杂环等碱性化合物
氢氧化钾	溶于水	—	中等	快	强碱性,用于干燥胺、杂环等碱性化合物
钠	—	—	强	快	只能用于干燥醚、烃类中的微量水分
氧化钙	—	—	强	较快	适用于干燥低级醇类
五氧化二磷	—	—	强	快,但吸水后表面覆盖黏浆液,操作不便	适用于干燥醚、烃、卤代烃、腈等中微量水分

(3) 干燥剂的用量

根据水在液体中溶解度和干燥剂的吸水量,可算出干燥剂的最低用量。但是,干燥剂的实际用量是大大超过计算量的。实际操作中,主要是通过现场观察判断。

① 观察被干燥液体　例如在环己烯中加入无水氯化钙进行干燥，未加干燥剂之前，由于环己烯中含有水，环己烯不溶于水，溶液处于浑浊状态。当加入干燥剂吸水后，环己烯呈现清澈透明状，这时即表明干燥合格，否则应补加适量干燥剂继续干燥。

② 观察干燥剂　例如用无水氯化钙干燥乙醚时，乙醚中的水除净与否，溶液总是呈现清澈透明状，如何判断干燥剂用量是否合适，则应看干燥剂的状态。加入干燥剂后，因其吸水变黏，粘在器壁上，摇动不易旋转，表明干燥剂用量不够，应适量补加无水氯化钙，直到新加的干燥剂不结块，不粘壁，干燥剂棱角分明，摇动时旋转并悬浮（尤其 $MgSO_4$ 等小晶粒干燥剂），表示所加干燥剂用量合适。

由于干燥剂还能吸收一部分有机液体，影响产品收率，故干燥剂用量应适中。应加入少量干燥剂后静置一段时间，观察用量不足时再补加。一般每 100mL 样品约需加入 0.5～1g 干燥剂。

(4) 干燥时的温度

对于生成水合物的干燥剂，加热虽可加快干燥速度，但远远不如水合物放出水的速度快，因此，干燥通常在室温下进行。

(5) 干燥操作要点

① 首先把被干燥液中的水分尽可能除净，不应有任何可见的水层或悬浮水珠。

② 把待干燥的液体放入锥形瓶中，取颗粒大小合适（如无水氯化钙，应为黄豆粒大小并不夹带粉末）的干燥剂，放入液体中，用塞子盖住瓶口，轻轻振摇，经常观察，判断干燥剂是否足量，静置（0.5h，最好过夜）。

③ 把干燥好的液体滤入蒸馏瓶中，然后进行蒸馏。

2.9.4　气体的干燥

在有机分析和有机合成中，常用的气体有氮气、氧气、氢气、氯气、氨气、二氧化碳等。当对这些气体纯度要求严格时，需要除去气体中微量的水分。

将气体干燥是使之在通入体系前，先经过干燥塔（内装固体干燥剂）和各种不同形式的洗瓶（内装液体干燥剂）。根据被干燥气体的性质、用量、潮湿程度以及反应条件，选择不同的干燥仪器。

一般气体干燥所用干燥剂如表 2-5 所示。

表 2-5　气体干燥常用的干燥剂

干燥剂	可干燥的气体
CaO,碱石灰,NaOH,KOH	NH_3 类
无水 $CaCl_2$	H_2,HCl,CO,CO_2,N_2,O_2,低级烷烃,醚,烯烃,卤代烃
P_2O_5	H_2,O_2,CO,CO_2,SO_2,N_2,烷烃,乙烯
浓 H_2SO_4	H_2,N_2,O_2,HCl,CO_2,烷烃
$CaBr_2$,$ZnBr_2$	HBr

气体干燥操作应注意以下几点。

① 用无水氯化钙、生石灰、碱石灰干燥气体时，均应选用颗粒状的干燥剂，不可用粉末状的，后者在吸潮后会结块造成堵塞。

② 用浓硫酸干燥时，用量要适当，太少则影响干燥效果，过多则压力大，气体不宜通过。

③ 如干燥要求高，可同时连接两个或多个干燥装置，根据被干燥气体的性质，选用相同或不同的干燥剂。

④ 用气体洗瓶时，进出管不能接错，通入气体的速度不宜太快，以防止干燥效果不好。
⑤ 使用气体钢瓶时，在开启后应先调节好气流速度，然后再通入反应瓶中，且不可用钢瓶直接通入气体，以免气流太急，发生危险。
⑥ 在干燥器与反应瓶之间应连接一个安全瓶，以防倒吸。
⑦ 在停止通气时，应减慢气流速度，打开安全瓶旋塞，再关闭钢瓶。
⑧ 如干燥剂还可用，在停止通气后应随即将通路塞住，以防吸潮。

2.10 重结晶

在有机化学产品制备中，因为常常伴随副反应，产物中会含有一些副产物；此外未完全反应的原料及催化剂等也可能存在于产品中。还有，天然产物中提取的有机物也常含有杂质，除去这些杂质的最有效方法之一就是进行重结晶（recrystallization）。

2.10.1 基本原理

固体物质在溶剂中的溶解规律是"相似相溶"，即非极性或极性较小的溶质易溶于非极性或极性较小的溶剂中，极性强的溶质易溶于极性强的溶剂中。

固体有机物在溶剂中的溶解度往往与温度相关，温度高时，溶解度大；温度降低则溶解度减小。把有机物晶体在较高的温度（接近溶剂沸点）下溶解于选定的溶剂中，制成饱和溶液后，趁热过滤就可以把不溶的杂质除去，然后冷却，溶解度降低，溶液则变成过饱和而析出晶体，可溶的杂质仍留在溶液中。过滤后得到晶体，该晶体较原晶体纯度高。如果必要可以再结晶一次，会得到更高纯度的晶体。

2.10.2 重结晶装置与操作

操作步骤一般按如下顺序进行。

（1）选择合适的溶剂

选择溶剂时，要分析被溶解物的结构，根据"相似相溶"的原则选择，一般要符合以下的条件。

① 不与被提纯物质发生反应。
② 高温时，被提纯物质溶解度大，低温时溶解度小。
③ 杂质的溶解度要么很小，要么很大。
④ 易与提纯物质分离，挥发性较好。
⑤ 无毒或者毒性较小。
⑥ 较为经济。

常用重结晶溶剂如表 2-6 所示。

表 2-6 常用重结晶溶剂

溶剂	沸点/℃	溶剂	沸点/℃
水	100	甲基叔丁基醚	54
甲醇	65	苯	80.1
乙醇	78.2	氯仿	61.7
冰醋酸	118	四氯化碳	76.5
乙酸乙酯	77.0	丙酮	56
乙醚	34.5	石油醚	30～60

如果不能从实验资料中找到合适的溶剂，或者难以确定所需要的溶剂，可用下列方法进行认定。

取 0.1g 晶体粉末分别加入小试管中，再分别用滴管逐滴加入各种不同的溶剂，边加边振摇试管，加入的溶剂至 0.5~1mL，如全部溶解，则该试剂不合适，因为试剂溶解度太大，若加热才溶解，冷却后有大量晶体析出，可以认为是合适的溶剂。如果加到 3mL 溶剂，加热仍不能全溶，可以认定该溶剂不合适。如果晶体在热溶剂中能溶解，而冷却后无晶体析出，这时用玻璃棒于液面下摩擦试管内壁促使晶体析出。

有时在实验中会出现这样的情况，晶体在某种溶剂中很容易溶解，而在另一种溶剂中很难溶解，而这两种溶剂相互混溶，则可以将它们配成混合溶剂进行试验，常用的有乙醇-水、甲醇-甲基叔丁基醚、丙酮-水、乙酸-水等。

（2）在较高温度溶解被提纯物质，必要时用活性炭脱色

通常将被提纯物质放于合适的锥形瓶中，加入需要量稍少的溶剂，加热到微微沸腾一段时间，若未完全溶解，可再逐渐加入少量溶剂，再加热至沸腾，直至物质全部溶解。如果逐渐加入溶剂过程中观察到不溶物没有减少，可以断定其为不溶性杂质。为了热过滤时方便操作，不能在过滤中析出晶体，一般可加入比计算量多 15% 的溶剂。

如果溶剂有毒或有易燃性，可在锥形瓶上加回流冷凝管，添加溶剂可由冷凝管上端加入。根据溶剂的沸点选择合适的热源。溶解后溶液有颜色可进行脱色处理，沸腾溶解后稍冷一会，加入活性炭，搅拌，再煮沸几分钟，有色杂质吸附在活性炭表面，再热过滤。

（3）趁热过滤

为了分离出不溶杂质，以及脱色的活性炭，需要过滤。而在过滤中溶液温度会降低，造成溶质的析出。为了避免析出，要用装有折叠滤纸的保温漏斗进行热过滤，应先准备好保温漏斗，使之处于待用状态。过程中速度尽量快，滤液中不能有漏过的活性炭颗粒存在。如果溶剂的挥发性小，也可以用预热了的布氏漏斗抽滤。如果溶解后的溶液澄清且无色，说明没有不溶性杂质，趁热过滤步骤可省去。

（4）结晶

把趁热过滤的滤液室温静置，慢慢冷却，析出晶体。缓慢降温能形成颗粒较大的结晶；如果强制降温则容易形成颗粒较小的结晶，表面积大，容易吸附杂质。所以大颗粒结晶纯度比小颗粒好。如果没有晶体析出，可用玻璃棒摩擦容器内壁，得到晶种，促使晶体的生成和生长。

（5）减压过滤

晶体析出完全后，用布氏漏斗减压过滤。在抽滤装置和真空泵间加安全瓶防止倒吸。最后再用冷的溶剂洗涤结晶。

（6）干燥及计算收率

把晶体从布氏漏斗中转移到表面皿上，可以空气晾干，也可以在低于熔点的温度下烘干。然后称重，计算收率。

实验 9　乙酰苯胺的重结晶

【实验目的】

（1）学习重结晶的原理和应用。

（2）掌握重结晶的操作方法和过程。

【实验原理】

见 2.10.1。

【主要仪器和试剂】

(1) 仪器：循环水式真空泵，台式天平，150mL 烧杯，布氏漏斗，抽滤瓶，温度计，滤纸，安全瓶。

(2) 试剂：粗乙酰苯胺，活性炭。

【实验步骤】

取 2g 粗乙酰苯胺，置于 150mL 烧杯中，加入 60mL 水，在石棉网上慢慢加热，边加热边搅拌，晶体慢慢溶解。如果加热到沸腾，还有未溶解的固体，可继续补加热水，直至溶解，再多加 10mL 热水，记下总水量[1]。如果补加热水，固体未减少，说明有不溶杂质。稍冷后，加入少许活性炭[2]，搅拌，加热煮沸 3～5min，用预热了的布氏漏斗趁热过滤[3]，然后，将滤液转移到一只干净的烧杯中，自然冷却，温度降到接近室温，减压抽滤，无液滴滴落时，用少量冷水洗涤。结束抽滤后，打开安全瓶的活塞，关闭水泵。将晶体转移到表面皿上，自然干燥，称重，计算收率。

$$\text{收率} = \frac{\text{结晶后产品的质量}}{\text{粗产品的质量}} \times 100\%$$

注释

[1] 乙酰苯胺在水中的溶解度是：100℃ 为 5.5g，80℃ 为 3.45g，20℃ 为 0.46g。

[2] 不能把活性炭加到沸腾的液体中，否则会引起暴沸现象，一定要等稍冷后再加入，加入的量约为样品的 5%。

[3] 如果用活性炭脱色再热过滤，要用双层滤纸，防止活性炭透过滤纸进入滤液中。

【思考题】

(1) 在两步抽滤中，为什么都要求抽滤结束后先打开安全瓶的活塞或断开水泵和抽滤瓶的连接？

(2) 如果用有机溶剂重结晶应该怎么样防范着火？

2.11 升华

升华（sublimation）是固体化合物提纯的一种手段。通俗地说，升华是指固态物质不经过液态直接转变为气态的物态变化过程。严格地讲，升华是指固态物质在其蒸气压强等于外界压强的条件下不经液态直接转变为气态。气态物质在其蒸气压强等于外界压强的条件下不经液态直接转变为固态的物态转变过程，称为凝华。当外界压强为 101325Pa 时称为常压升华，低于该压强值时称为减压升华。

升华不是纯化固体物质的通用方法，它只适用于以下情况。

① 被提纯的固体化合物具有较高的蒸气压，在低于熔点时，就可以产生足够的蒸气，使固体不经过熔融状态直接变为气体，从而达到分离的目的。

② 固体化合物中杂质的蒸气压较低，有利于分离。

升华的操作比重结晶要简便，特别适用于纯化易潮解及与溶剂易起解离作用的物质。纯化后产品的纯度较高，但是产品损失较大，时间较长，不适合大量产品的提纯。

2.11.1 基本原理

升华是利用固体混合物的蒸气压或挥发度不同，将不纯净的固体化合物在熔点温度以下加热，利用产物蒸气压高、杂质蒸气压低的特点，使产物不经液态过程而直接气化，遇冷后固化，而杂质则不发生这个过程，达到分离固体混合物的目的。

一般来说，具有对称结构的非极性化合物，其电子云密度分布比较均匀，偶极矩较小，晶体内部静电引力小。这种固体都具有蒸气压高的性质。

物质的固态、液态、气态三相平衡图如图 2-21 所示，图中的三条曲线将图分为三个区域，每个区域代表物质的一相，由曲线上的点可读出两相平衡时的蒸气压。T 为三条曲线的交点，也就是物质的三相平衡点，在此状态下物质的气、液、固三相共存，不同的化合物三相点是不相同的。可以看出，在三相点以下，物质处于气、固两相的状态，因此，升华都在三相点温度以下进行。三相点温度和熔点温度有些差别，但差别很小。固体的熔点可以近似地看做是物质的三相点。

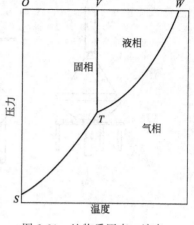

图 2-21　纯物质固态、液态、气态三相平衡图

表 2-7 是几种固态物质在其熔点时的蒸气压。

表 2-7　几种固态物质在其熔点时的蒸气压

化合物	固体在熔点时的蒸气压/Pa	熔点/℃
樟脑	49329.3	179
碘	11999	114
萘	933.3	80
苯甲酸	800	122
对硝基苯甲醛	1.2	106

若固体的蒸气压在熔点之前已经达到大气压，则该物质很适合在常压下用升华法进行纯化处理。例如，樟脑在 160℃时的蒸气压为 29170.9Pa，即未达到熔点 179℃就有很高的蒸气压。只要慢慢加热，温度不超过熔点，未熔化就已成为蒸气，遇冷就凝结成固体。蒸气压维持在 49329.3Pa 以下，至樟脑蒸发完为止，即完成其升华。

2.11.2　升华操作方法

(1) 常压升华

常压升华主要由蒸发皿和普通漏斗组成，如图 2-22(a) 所示。

把待精制的物质放入蒸发皿中，用一张扎有若干小孔的圆滤纸盖住，漏斗倒扣在蒸发皿上，漏斗颈部塞一团疏松棉花，如图 2-22(a) 所示。在沙浴或石棉网上加热蒸发皿，逐渐升高温度，使待精制的物质气化升华，蒸气通过滤纸孔，遇漏斗内壁冷凝成晶体，附着在漏斗内壁及滤纸上。将产品刮下，称重，计算产率。

当有较大量的物质需要升华时，可在烧杯中进行。烧杯上放置一个通冷凝水的圆底烧瓶，使蒸气在烧瓶底部凝结成晶体并附着在烧瓶底部，如图 2-22(b) 所示。最后收集纯净产品，称重，计算产率。当需要通入空气或惰性气体进行升华时，可用如图 2-22(c) 所示的装置。

(2) 减压升华

减压升华装置主要用于少量物质的升华。装置主要由吸滤管（或瓶）、指形冷凝管和泵组成，如图 2-23 所示。将样品放入吸滤管（或瓶）内，在吸滤管（或瓶）中放入指形冷凝

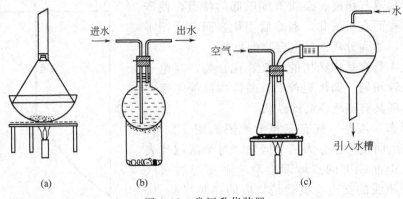

图 2-22　常压升华装置

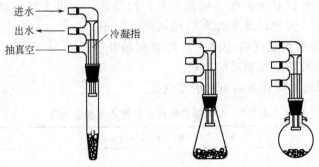

图 2-23　减压升华装置

管，接通冷凝水，然后将吸滤管（或瓶）置于电热套或水浴中加热，利用泵抽气减压，使固体升华。升华物质蒸气因受冷凝水冷却，凝结在指形冷凝管底部，达到纯化目的。

（3）升华的注意事项

① 升华温度一定要控制在固体化合物熔点以下。

② 被升华的固体化合物一定要干燥，如有溶剂将会影响升华后固体的凝结。

③ 滤纸上的孔应大小适中，以便蒸气上升时顺利通过滤纸，在滤纸的上面和漏斗中结晶，否则会影响晶体的析出。

④ 减压升华时，停止抽滤一定要先打开安全瓶上的放空阀，再关泵。否则水会倒吸进入吸滤瓶中，造成实验失败。

实验 10　樟脑的常压升华

【实验目的】

（1）了解升华的原理和意义。

（2）掌握用升华方法提纯有机物的操作方法。

【实验原理】

见 2.11.1。

【主要仪器和试剂】

（1）仪器：蒸发皿，普通漏斗，滤纸，酒精灯等。

（2）试剂：粗樟脑。

【实验步骤】

称取 1~2g 粗樟脑固体,研细,放入蒸发皿内,按如图 2-22(a) 所示装置装好[1],用小火隔石棉网缓缓加热[2],保持温度在 179℃ 以下,达到一定温度,开始升华。待升华结束,收集升华后的樟脑,称量,计算产率。收集的纯品倒入指定的回收瓶。

注释

[1] 滤纸放置位置要适宜,太高则升华物蒸气不易升入滤纸以上结晶;太低则易受杂质污染。

[2] 本实验的关键操作是在整个升华过程中都需用小火间接加热。若温度太高,被升华物很快烤焦;温度太低,升华物会在蒸发皿内壁结晶,与残渣混在一起。

【思考题】

(1) 升华的优缺点是什么?

(2) 升华操作中,为什么要尽可能使加热温度保持在被升华物质的熔点以下?

(3) 利用升华提纯固体有机物应具备什么条件?

(4) 为什么升华前被升华物质一定要干燥?

(5) 升华时,温度超过熔点对被升华物质的纯度有何影响?

(6) 滤纸上的小孔起到何作用?

2.12 薄层色谱

色谱分离技术,是一种分离复杂混合物中各个组分的有效方法。薄层色谱,又称薄层层析 (thin layer chromatography),是以涂布于支持板上的支持物作为固定相,以合适的溶剂为流动相,对混合样品进行分离、鉴定和定量的一种色谱分离技术。这是一种快速分离诸如脂肪酸、类固醇、氨基酸、核苷酸、生物碱及其他多种物质的有效的色谱分离方法,从 20 世纪 50 年代发展起来至今,仍被广泛采用。

2.12.1 基本原理

薄层色谱法是利用不同物质在由固定相和流动相构成的体系中具有不同的分配系数或吸附能力,当两相做相对运动时,这些物质随流动相一起运动,并在两相间进行反复多次的分配或吸附,从而使各物质达到分离。

薄层色谱法是用于快速分离和定性分析少量物质的一种很重要的实验技术,可用于化合物鉴定、精制样品,也用于跟踪反应进程等。薄层色谱法属于固-液吸附色谱,样品在玻璃板上的吸附剂(固定相)和展开剂(移动相)之间进行分离。当展开剂在吸附剂上展开时,由于样品中各组分对吸附剂的吸附能力不同,发生了无数次吸附和解吸过程,吸附能力弱的组分(即极性较弱的)随流动相迅速向前移动,吸附能力强的组分(即极性较强的)移动慢。利用各组分在展开剂中溶解能力和被吸附剂吸附能力的不同,最终将各组分彼此分开。若各组分本身有颜色,则薄层板干燥后会出现一系列高低不同的斑点,若本身无色,则可用各种显色方法使之显色,以确定斑点位置。在薄层板上混合物的每个组分上升的高度与展开剂上升的前沿之比称为该化合物的比移值 (R_f),如图 2-24 所示。

$$R_f = a/b$$

式中 a——溶质的最高浓度中心至样点中心的距离;

b——溶剂前沿至样点中心的距离。

比移值是表示色谱图中斑点位置的一个数值。对于一个化合物当实验条件相同时,其 R_f 值是一样的。良好的分离,R_f 值应在 0.15~0.754 之间,否则应该调换展开剂重新

图 2-24 色谱图中斑点位置的确定

展开。

常用的固定相有硅胶、氧化铝、硅藻土、纤维素等。硅胶适用于酸性和中性化合物的分离和分析。

薄层色谱用的硅胶分为：硅胶 H 不含黏合剂，使用时需加少量聚乙烯醇、淀粉等作黏合剂；硅胶 G 含有煅石膏黏合剂；硅胶 HF_{254} 含有荧光剂，可在波长 254nm 的紫外灯下观察，有机物在亮的荧光板上呈暗色斑点；硅胶 GF_{254} 含有煅石膏和荧光剂。薄层色谱用的氧化铝也可分为氧化铝 G、氧化铝 GF_{254} 和氧化铝 HF_{254}。

黏合剂除了煅石膏（$CaSO_4 \cdot 5H_2O$）外，还可用淀粉、羧甲基纤维素钠。加黏合剂的薄板为硬板，不加黏合剂的称为软板。

化合物的吸附能力与它们的极性有关，极性大则与吸附剂的作用强，随展开剂移动慢，R_f 值小；反之极性小则 R_f 值大。因此利用硅胶或氧化铝薄层色谱可把不同极性的化合物分开，甚至极性相近的顺、反异构体也可分开。各类有机化合物与上述两类吸附剂的亲和力大小顺序大致如下：

羧酸＞醇＞伯胺＞酯、醛、酮＞芳香族硝基化合物＞卤代烃＞醚＞烯＞烷烃

2.12.2 操作步骤

(1) 薄层板的制板与活化

薄层色谱法是把固定相均匀地涂在玻璃板或塑料板上，形成一定厚度的薄层并使其具有一定的活性。玻璃板表面必须平整光滑，洗净不挂水珠。根据被分离组分的性质及要求，可选用不同尺寸的板，实验室常用 20cm×5cm、20cm×10cm、20cm×20cm、20cm×50cm 的板，制备纯品可选用较大的板。根据试样的性质和分析要求，选定吸附剂。

薄层板制备的好坏直接会影响到分离效果，吸附剂应尽可能涂得牢固、均匀，厚度约为 0.25～1mm。薄层板分为干板和湿板。干板一般用氧化铝作吸附剂，涂层时不加水。湿板常用硅胶。例如，称取硅胶 G 20～50g，放入研钵中，加水 40～50mL，调成糊状浆料；此糊状浆料大约可涂 20cm×5cm 的板 20 块左右。应注意硅胶糊易凝结，必须现用现配，不宜久放。

湿板按铺层的方法又可分为平铺法、倾注法和浸渍法等。

① 平铺法 用薄层涂布器铺层，得到的涂层厚度均匀。将洗净的玻璃板在涂布器上摆好，夹紧，在涂布槽中倒入糊状物，将涂布器自左向右推，糊状物均匀涂布于玻璃板上，如图 2-25 所示。

图 2-25 薄层涂布器

② 倾注法 将调好的糊状浆料倒在玻璃板上，用手振摇，使其表面均匀平整，然后放在水平板上晾干，此法不易控制厚度。

③ 浸渍法 将两块干净的载玻片对齐紧贴在一起，浸入浆料中，使其涂上一层均匀的吸附剂，取出分开，室温晾干。

晾干后的薄层板置于烘箱内进行活化，硅胶板活化一般在 105～110℃保持 30min。氧化铝活化一般在 150～160℃保持 4h。活化后的薄层板应放在干燥器内保存备用，以防吸湿失活，影响分离效果。

(2) 点样

在经过活化的薄层板一端15～20mm处用铅笔轻画一横线作为起始线,在另一端10mm处画一横线作为终点线。将样品溶于低沸点溶剂如甲醇、乙醇、丙酮、氯仿、苯、乙醚等中,配成1%左右的溶液,用内径1mm管口平齐的毛细管点样,垂直轻轻点在起点线上。若溶液太稀,一次点样不够,可待前一次试样点干后,在原点样中心处再点,点样后的直径不要超过2mm,点样斑点过大,往往会造成拖尾、扩散等现象,影响分离效果。一块板可点多个样,但样点之间距离以1～1.5cm为宜。

(3) 展开剂的选择和展开

展开剂的选择主要是根据样品的极性、溶解度和吸附剂的活性等因素。溶剂的极性越大,对化合物解吸的能力越强,R_f值越大。如果出现样品各组分R_f值均较小,可加入适量极性大的溶剂。常用展开剂极性大小顺序如下:

正己烷、石油醚＜环己烷＜四氯化碳＜三氯乙烯＜二硫化碳＜甲苯＜苯＜二氯化碳＜氯仿＜乙醚＜乙酸乙酯＜丙酮＜丙醇＜乙醇＜甲醇＜水＜吡啶＜乙酸

薄层色谱的展开需要在密闭容器内进行。将展开剂倒入层析缸中,液层高约0.5cm,待容器内溶剂蒸气达到饱和后,再将点好样的薄层板放入缸中进行展开,如图2-26所示。注意点样的位置必须要在展开剂液面之上。展开剂上升到终点线时,取出薄层板,晾干后进行显色。

(4) 显色

若分离的化合物本身有色,在薄层板上可看到分开的各组分斑点。若本身无颜色,含荧光剂的薄层板可在紫外灯下观察有无荧光斑点;有时可用腐蚀性的显色剂如浓硫酸、浓盐酸、浓磷酸显色;或使用碘蒸气熏的方法来显色,将薄层板放入装有少量碘的密闭容器中,许多化合物都能和碘形成棕色斑点。显色后立即用铅笔将斑点位置画出。否则薄层板取出后,在空气中碘逐渐挥发,棕色斑点会消失。此外,还可以根据化合物的特性,在薄层板上溶剂蒸发前采用试剂进行喷雾显色,不同类型化合物可选用不同的显色剂。

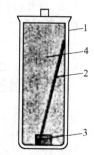

图2-26 直立式展开
1—层析缸;
2—薄层板;
3—盛展开剂小皿;
4—展开剂蒸气

根据画出的斑点位置计算R_f值。

各物质的R_f值与所用的吸附剂、展开剂、涂层的厚度以及点样的相对量等因素有关,所以要获得薄层色谱R_f值的重现,必须条件一致。常在同一薄层板上并列点上待测样品和已知标准样品同时进行色谱分离,通过二者R_f值的比较,可以对样品做出定性鉴定;还可以比较未知物和标准物的色斑大小或颜色深浅作半定量至定量的测定。

实验11 对硝基苯胺和邻硝基苯胺的薄层色谱分析

【实验目的】

(1) 了解薄层色谱的原理和应用。

(2) 掌握薄层色谱的操作方法。

【实验原理】

见2.12.1。

【主要仪器和样品】

(1) 仪器:载玻片,层析缸,干燥器,烘箱。

(2) 样品：对硝基苯胺（AR），邻硝基苯胺（AR），硅胶G，甲苯，乙酸乙酯。

【实验步骤】

(1) 薄层板的制板与活化

吸附剂：硅胶G。

(2) 点样[1]

(3) 展开[2]

展开剂：甲苯：乙酸乙酯＝4：1（体积比）；展开时间：20min；展开距离：10.5cm。

(4) 显色

正常显浅黄色，用碘蒸气熏后显黄棕色。

R_f 值：对硝基苯胺，0.66；邻硝基苯胺，0.44。

注释

[1] 点样时，毛细管刚接触薄层板即可，点样过量会影响分离效果。

[2] 展开剂不超过点样线。

【思考题】

(1) 层析缸中展开剂高度超过薄层板上点样线时，对薄层色谱有何影响？

(2) 有甲、乙两瓶无标签的试剂，如何用薄层色谱分析它们是否为同一物质？

(3) 用薄层色谱分析混合物时，如何确定各组分在薄层板上的位置？

实验12 甲基橙和荧光黄的分离鉴定

【实验目的】

掌握用薄层色谱法分离和鉴定有机化合物。

【实验原理】

见 2.12.1。

【主要仪器和样品】

(1) 仪器：载玻片，层析缸，干燥器，烘箱。

(2) 样品：硅胶G，标准液（5％甲基橙乙醇溶液、5％荧光黄乙醇溶液），样品液（5％甲基橙乙醇溶液和5％荧光黄乙醇溶液的混合液），36％醋酸。

【实验步骤】

(1) 薄层板的制板与活化

吸附剂：硅胶G。

(2) 点样[1]

(3) 展开

展开剂：36％醋酸：水＝1：1（体积比）；展开距离：薄层板的3/4距离。

(4) 显色及测量 R_f 值

因样品本身有色，可不经显色而直接测量和计算 R_f 值[2]。

(5) 比较分析

混合样点经分离所得的斑点与标样展开的斑点比较。说明理由。

注释

[1] 点样用的毛细管不得混用。

[2] 鉴定一个具体的化合物时，经常采用与已知标准样品对照的方法。

【思考题】
(1) 薄层色谱分析中，如果斑点出现拖尾现象，可能是何原因引起的？
(2) 薄层色谱分析中，如何用 R_f 值鉴定未知化合物？

2.13 柱色谱

柱色谱（column chromatography）是分离、提纯复杂有机化合物的重要方法。柱色谱一般分为吸附色谱和分配色谱。实验室中最常用的是吸附色谱，可用于分离量较大的有机物。

2.13.1 基本原理

柱色谱法是通过色谱柱来实现分离的。色谱柱内装有固体吸附剂（固定相），如氧化铝、硅胶等。液体样品从柱顶加入，当溶液流经吸附柱时，各组分被吸附在柱的顶端，然后从柱顶加入有机溶剂（洗脱剂）。由于吸附剂对各组分的吸附能力不同，各组分以不同的速度下移，随着洗脱的进行，吸附能力最弱的组分，首先随着洗脱剂流出，极性强的后流出。各组分随着洗脱剂按一定顺序从色谱柱下端流出，用容器分别收集（图 2-27）。如各组分为有色物质，则可以观察到不同颜色的谱带；若为无色物质，不能直接观察到谱带，可用紫外光照射是否出现荧光来检查，也可分段集取洗脱液，通过薄层色谱逐个鉴定。

2.13.2 吸附剂和洗脱剂

柱色谱用吸附剂与薄层色谱类同。常用的有氧化铝、硅胶、氧化镁、碳酸钙和活性炭等。其中氧化铝和硅胶最为常用。氧化铝分为中性、酸性和碱性三种。酸性氧化铝适用于分离酸性有机物质；碱性氧化铝适用于分离碱性有机物质和烃类化合物；中性氧化铝应用广泛，适用于中性物质的分离。市售的硅胶略带酸性。所选择的吸附剂绝不能与被分离的物质和展开剂发生化学作用。

吸附剂吸附能力强弱由吸附剂的极性、活性和粒度等因素决定。吸附剂的极性越强，吸附能力就越强。常用的吸附剂中，氧化铝极性最强，硅胶极性中强，氧化镁极性中等，活性炭是非极性吸附剂。要求吸附剂颗粒大小均匀。颗粒太小，表面积大，吸附能力高，但洗脱剂流速太慢；若颗粒太大，流速快，分离效果差。通常使用的吸附剂颗粒大小为 100～150 目，稍大于薄层色谱，因此其分离效果不如薄层色谱，但由于吸附剂用量大，且柱的大小可调，因此分离的量较大，可达数十至数百毫克。

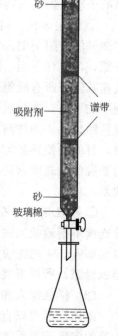

图 2-27 柱色谱

吸附剂的活性取决于吸附剂的含水量，含水量越高，活性越低，吸附剂的吸附能力越弱；反之则吸附能力越强。

在柱色谱分离中，洗脱剂的选择是通过薄层色谱实验来确定的。具体方法：用少量溶解好的样品，点样展开，观察各组分在薄层板上的位置，计算 R_f 值。若能将样品中各组分完全分开，即可作为柱色谱的洗脱剂。有时，一种展开剂达不到所要求的分离效果，可选用混合展开剂。

洗脱剂的极性不能大于样品中各组分的极性。否则洗脱剂被固定相吸附，而样品一直在流动相中，此时，各组分在柱中移动速度快，难以建立平衡，影响分离效果。

所选择的洗脱剂必须能将样品中各组分溶解，但不与组分竞争与固定相的吸附。若被分离的样品不溶于洗脱剂，各组分可能会吸附在固定相上，不随流动相移动或移动很慢，影响分离速度。

不同的洗脱剂使既定样品沿着固定相移动的能力，称为洗脱能力。柱色谱常用的洗脱剂以及洗脱能力，按顺序排列如下：

正己烷＜环己烷＜甲苯＜二氯甲烷＜氯仿＜环己烷/乙酸乙酯（80∶20）＜二氯甲烷/乙醚（80∶20）＜二氯甲烷/乙醚（60∶40）＜环己烷/乙酸乙酯（20∶80）＜乙醚＜乙醚/甲醇（99∶1）＜乙酸乙酯＜四氢呋喃＜正丙醇＜乙醇＜甲醇

极性溶剂洗脱极性化合物是有效的，非极性溶剂洗脱非极性化合物是有效的，分离复杂组分的混合物，常选用混合溶剂。

2.13.3　柱色谱操作

色谱柱的大小取决于被分离物的量和吸附剂的性质。一般柱的直径为其长度的1/10~1/4，常用色谱柱的直径在0.5~10cm之间。

(1) 装柱

装柱前应先将色谱柱洗干净，干燥。在柱底铺少量脱脂棉或玻璃棉，再铺0.5~1.0cm厚的干净干燥的石英砂层，关闭旋塞。装柱分为湿法装柱和干法装柱。

① 湿法装柱　将吸附剂用洗脱剂调成糊状，在柱内事先加入约3/4柱高的洗脱剂，再将调好的吸附剂倒入柱中，同时打开旋塞控制每秒1滴的速度，并用木棒或橡胶棒轻敲柱身下部，色谱柱下用干净干燥的接收器接收洗脱剂。当装入的吸附剂达到一定高度时，洗脱剂流速减慢，所有吸附剂装完后，用流下的洗脱剂转移残留的吸附剂，并将柱内壁残留的吸附剂淋洗下来。在此过程中，应不断敲打色谱柱，以使色谱柱装填均匀且无气泡，装入吸附剂的量约为3/4的柱高。最后，在吸附剂上端覆盖一层约0.5~1.0cm厚的干净干燥的石英砂层，目的是使样品均匀地流入吸附剂表面，防止吸附剂表面被破坏。在整个装柱过程中，柱内洗脱剂的高度始终不能低于吸附剂最上端，否则柱内会出现裂痕和气泡，影响洗脱和分离效果。

② 干法装柱　在色谱柱上端放一个干燥的漏斗，将吸附剂倒入漏斗中，使其成为一细流连续不断地装入柱中，并轻轻敲打色谱柱柱身，使其填充均匀，再加入洗脱剂湿润。也可以先加入3/4的洗脱剂，然后再倒入干的吸附剂。因为硅胶和氧化铝的溶剂化作用易使柱内形成缝隙，所以不宜使用干法装柱。

(2) 样品加入和谱带展开

液体样品可以直接加入到色谱柱中，如浓度低可浓缩后再进行分离。固体样品应先用最少量的溶剂溶解后加入到柱中。在加入样品时，应先将柱内洗脱剂排至稍低于石英砂表面后停止排液，用滴管沿柱内壁把样品一次加完。加样品时，注意滴管尽量向下靠近石英砂表面。样品加完后，打开下面旋塞，使液体样品进入石英砂层，再加入少量的洗脱剂将壁上的样品洗下来，等待其进入石英砂后，再加入洗脱剂进行淋洗，直至所有色带展开。

色谱带的展开过程就是样品的分离过程，此过程中注意以下几点。

① 洗脱剂应连续平稳地加入，不能中断。样品量少时，用滴管加入。样品量大时，用滴液漏斗控制滴加，效果更好。

② 在洗脱过程中，应先使用极性最小的洗脱剂淋洗，然后逐渐加大洗脱剂的极性，使

洗脱剂的极性在柱中形成梯度，以形成不同的色带环。也可以分步进行淋洗，即将极性小的组分分离出来后，再改变极性分出极性较大的组分。

③ 在洗脱过程中，样品在柱内的下移速度不能太快，但也不能太慢。因为时间太长会造成某些组分被破坏，使色谱扩散，影响分离效果。通常流速为每分钟5~10滴，若洗脱剂下移速度太慢，可适当加压或用水泵减压。

④ 当色谱带出现拖尾时，可适当提高洗脱剂极性。

(3) 样品中各组分的收集

当样品中各组分带有颜色时，可根据不同的色带用锥形瓶分别进行收集，然后分别将洗脱剂蒸除得到纯组分。但是大多数有机物是无色的，可采用等分收集的方法，即将收集瓶编好号，根据使用吸附剂的量和样品分离情况来进行收集，一般用50g吸附剂，每份洗脱剂的收集体积为50mL。如果洗脱剂的极性增加，或样品中组分的极性相近时，每份收集量应适当减小。将每份收集液浓缩后，以残留在烧瓶中物质的质量为纵坐标，收集瓶的编号为横坐标绘制曲线图，来确定样品中的组分数。还可以在吸附剂中加入磷光体指示剂，用紫外线照射来确定。一般用薄层色谱进行监控是最为有效的方法。

实验13 柱色谱分离植物色素

【实验目的】

(1) 了解柱色谱的原理和应用。

(2) 掌握柱色谱的操作方法。

【实验原理】

见2.13.1。

【主要仪器和试剂】

(1) 仪器：色谱柱（直径2cm、长30cm），锥形瓶，研钵，滴液漏斗。

(2) 试剂：色谱用中性氧化铝，丙酮，石油醚，菠菜叶。

【实验步骤】

(1) 样品的处理

称取5g洗净的菠菜叶切碎置于研钵中，加20mL丙酮将菠菜叶捣烂。过滤除去残渣，将滤液移至分液漏斗中，加10mL石油醚（为防止形成乳浊液，可同时加入5~10mL饱和氯化钠溶液），振摇，静置分层，放出下层水，再用50mL水洗涤绿色有机层，最后将有机层用无水硫酸钠干燥，待用。

(2) 装柱

中性氧化铝湿法装柱[1]，石油醚作洗脱剂。

(3) 加样

当柱内石油醚液面刚好降至柱顶细沙时，取处理好的提取液2mL沿柱内壁慢慢加入后，用少量石油醚冲洗。

(4) 洗脱

柱顶可用滴液漏斗加入10~15mL的1∶9（体积比）丙酮-石油醚洗脱剂，黄色谱带出现后，待其降至柱中部，改用1∶1（体积比）丙酮-石油醚洗脱剂进行洗脱（必要时可增加丙酮的含量），注意收集各色带的流出液[2]。

柱中可观察到的色谱带为：黄绿色，叶绿素b；蓝绿色，叶绿素a；淡黄色、黄色、叶黄素；橙黄色，类胡萝卜素。

注释

[1] 色谱柱应装填得均匀紧密，不能有气泡，也不能出现松紧不均和断层现象，否则将影响渗滤速度和色带的齐整。

[2] 为保持柱内吸附剂的均一性，必须使吸附剂一直浸泡在溶剂中，否则当柱中溶剂流干时，会使吸附剂干裂，出现断层。

【思考题】

(1) 装柱时，柱中有气泡裂缝或装填不均匀，对分离效果有何影响？
(2) 如何选择柱色谱分离混合物的适合的洗脱剂？
(3) 柱色谱中的吸附剂为什么一定要被溶剂或洗脱剂浸没？
(4) 为什么洗脱的速度不能太快，也不能太慢？

2.14 纸色谱

纸色谱（paper chromatography）属于分配色谱的一种，通常用特制的滤纸如新华一号滤纸作为固定相（水的支持剂），含有一定比例的水的有机溶剂（展开相）作流动相，应用于多官能团或高极性化合物如糖或氨基酸的分离、鉴定。

R_f 比移值是一个特定常数。

$$R_f = \frac{\text{溶质的最高浓度中心至原点中心的距离}}{\text{溶剂前沿至原点中心的距离}}$$

R_f 值随被分离化合物的结构、固定相与流动相的性质、温度等因素不同而异。当温度、滤纸等实验条件固定时，它是一个常数。这也就是用纸色谱进行定性分析的依据。

一个计划周密的分离、鉴定微量氨基酸的纸色谱的操作训练，对学生了解纸色谱的原理、方法和应用是很必要的。我们用标准氨基酸作出纸色谱和 R_f 值，与在相同条件下做出的混合物的纸色谱和 R_f 相对照，以达到分离、鉴定氨基酸的目的。当然，在实际应用中，纸色谱的操作要复杂得多。尤其是 R_f 值相接近的氨基酸需要用两向纸色谱才能达到分离鉴定的目的。我们配制的"未知"混合物试样是有意选择 R_f 值相差较大的样品。所以用单向纸色谱就能达到分离鉴定的目的。

氨基酸经纸色谱分离后，常用茚三酮显色剂显色。必须注意指印含有一定量的氨基酸，在本实验方法中足以检出（本法可以检出以微克计的痕迹量）。因此，不能用手直接触摸分析用的滤纸，要用镊子钳夹滤纸边。

实验 14　氨基酸的纸色谱

【实验目的】

初步学习用纸色谱法进行分离鉴定氨基酸（amino acid）。

【实验原理】

见 2.14。

【主要仪器和试剂】

(1) 仪器：层析缸，滤纸，喷雾器，红外干燥箱。
(2) 试剂：乙醇-水-醋酸展开剂，0.1% 茚三酮的乙醇溶液，注释中提到的某一组三种氨基酸及其等量混合液。

【实验步骤】

（1）标准氨基酸色列和混合物色列的制作

取一条 8cm×15cm 滤纸，在滤纸短边 1cm 处用铅笔（不能用钢笔或圆珠笔）轻轻画上一条线，在线上轻轻打上四个点（等距并编号）。

用毛细管蘸试样在铅笔线的点上打三个标准氨基酸试样和一个氨基酸混合物斑点（使用配套的毛细管，以免弄脏样品）[1]。斑点的直径约为 1.5mm，不宜过大。将试样号码记于实验记录本上，并把滤纸放在空气中晾干。

取一标本缸，加入少量乙醇-水-醋酸展开剂，盖上玻璃片使标本缸内形成此溶液的饱和蒸气。

将滤纸小心放入上述标本缸中，不要碰及缸壁。当展开剂的前沿位置达到滤纸上端约 1cm 处，小心取出滤纸，用铅笔在展开剂前沿位置作记号。记下展开剂吸附上升所需的时间、温度和高度。将此滤纸于干燥箱中烘干。

点样、层析操作的示范演示如图 2-28 所示。

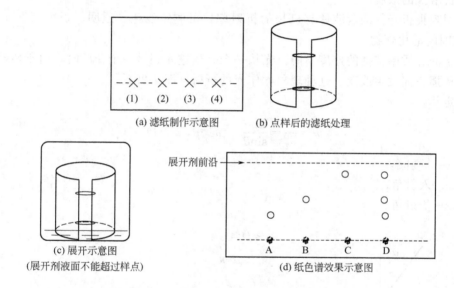

图 2-28　点样、层析操作的示范演示图

（2）显色

用喷雾方式将茚三酮溶液均匀地喷在滤纸上，并放干燥箱中烘干。此时，由于氨基酸与茚三酮溶液作用而使斑点呈紫色。用铅笔画出斑点的轮廓以供保存。量出每个斑点中心到原点的距离，计算每个氨基酸的 R_f 值。

注释

[1] 实验室准备的四组混合物试样是由 R_f 值相差较大的氨基酸混合配制，以期单向纸色谱分离便能达到分离的目的。

这四组混合样品是：

	氨基酸	R_f		氨基酸	R_f
Ⅰ：	半胱氨酸	0.25	Ⅱ：	组氨酸	0.23
	谷氨酸	0.36		苏氨酸	0.40
	蛋氨酸	0.62		脯氨酸	0.53

Ⅲ: 甘氨酸　　　0.28　　　Ⅳ: 天冬氨酸　　0.22
　　丙氨酸　　　0.49　　　　色氨酸　　　0.40
　　异亮氨酸　　0.79　　　　蛋氨酸　　　0.62

上述 R_f 值是用展开剂乙醇-水-醋酸（50∶10∶1，体积比），温度 23℃，展开剂吸附上升时间 70min。平均展开剂吸附高度 7.5cm，所测得的数据。

所用何种混合试样就用其对应的标准试样，以便对照。

【思考题】
（1）展开剂的液面高出滤纸上的样点，将会产生什么后果？
（2）纸色谱为什么要在密闭的容器中进行？

2.15　折射率

折射率（refractive index）是有机化合物的重要物理常数之一，作为液体化合物纯度的标志，它比沸点更可靠。通过测定溶液的折射率，判断有机化合物的纯度和鉴定未知物，还可定量分析溶液的浓度。

通常用阿贝折光仪测定液体有机物的折射率，可测定浅色、透明、折射率在 1.3000～1.7000 范围内的化合物。

光在不同介质中传播的速度不同。光从一个介质进入到另一个介质时，由于传播速度改变，也使传播方向发生改变，这种现象称作光的折射（图 2-29）。

折射定律：

$$n=\frac{v_1}{v_2}=\frac{\sin\alpha}{\sin\beta}\quad (\alpha>\beta, n>1)$$

式中　n——折射率；
　　　α——入射角；
　　　β——折射角。

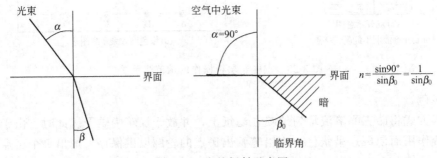

图 2-29　光的折射示意图

折射率的影响因素：主要由测定时温度和入射光波长影响。折射率随温度升高而降低。

实验 15　折射率的测定

【实验目的】
（1）了解测定折射率的意义和方法。
（2）了解阿贝折光仪的构造和折射率测定的基本原理，掌握用阿贝折光仪测定液态有机化合物折射率的使用方法。

（3）初步学会用图解法处理实验数据，绘制折射率-组成曲线。

【实验原理】

折射率是有机化合物最重要的物理常数之一，作为液体物质纯度的标准，它比沸点更为可靠。利用折射率可以鉴定未知化合物，也用于确定液体混合物的组成。物质的折射率不但与它的结构和光线有关，而且也受温度、压力等因素的影响。所以折射率的表示，须注明所用的光线和测定时的温度，常用 n_D^t 表示。

一般来说，光在两种不同介质中的传播速度是不相同的，所以光线从一种介质进入另一种介质，当它的传播方向与两种介质的界面不垂直时，则在界面处的传播方向发生改变，这种现象称为光的折射现象。

两种完全互溶的液体形成混合溶液时，其组成和折射率之间为近似线性关系。测定若干种已知组成的混合液的折射率即可绘制该混合溶液的折射率-组成浓度曲线。再测定未知组成的该混合物试样的折射率，便可以从折射率-组成曲线中查出其组成。

【主要仪器和试剂】

（1）仪器：阿贝折光仪，超级恒温槽，滴瓶，乳胶管，擦镜纸。

（2）试剂：丙酮（AR），乙醇（AR），蒸馏水。

【实验步骤】

（1）配制不同组成的溶液

配制乙醇含量（体积分数）分别为 0、20%、40%、60%、80%、100% 的乙醇-丙酮溶液各 20mL，混匀后分装在 6 只滴瓶中，贴上标签，按 1～6 顺序编号。

（2）安装仪器

开启超级恒温槽，调节水浴温度为 (20±0.1)℃，然后用乳胶管将超级恒温槽与阿贝折光仪（图 2-30）的进出水口连接。

（3）清洗与校正仪器

打开辅助棱镜，滴 2～3 滴丙酮，合上棱镜，片刻后打开棱镜，用擦镜纸轻轻将丙酮吸干，再改用蒸馏水重复上述操作 2 次。然后滴 2～3 滴蒸馏水于镜面上，合上棱镜，转动左侧刻度盘，使读数镜内标尺读数置于蒸馏水在此温度下的折射率（n_D^{20} = 1.3330）。调节反射镜，使测量望远镜中的视场最亮，调节测量镜，使视场最清晰。调节测量镜，使视场最清晰。转动消色散手柄，消除色散。再调节校正螺丝，使明暗交界线和视场中的"×"线中心对齐，如图 2-31（a）所示。

（4）测定溶液的折射率

打开棱镜，用 1 号溶液清洗镜面两次。干燥后滴加 2～3 滴该溶液，闭合棱镜。转动刻度盘，直至在测量望远镜中观测到视场出现半明半暗视野。转动消色散手柄，使视场内呈现一个清晰的明暗分线，消除色散。再次小心转动刻度盘使明暗分界线正好处在×线交点上，从读数镜中读出折射率值，如图 2-31（b）所示。重复测定 2 次，读数差值不能超过 ±0.0002。

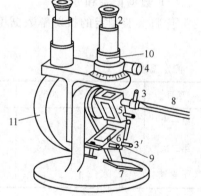

图 2-30 阿贝折光仪

1—读数目镜；2—测量目镜；
3,3'—循环恒温水龙头；
4—消色散旋柄；5—测量棱镜；
6—辅助棱镜；7—平面反射镜；
8—温度计；9—加液槽；
10—目镜调节旋钮；11—刻度盘罩

未调节右边旋钮前，在右边目镜看到的图像，此时颜色是散的

调节右边旋钮直到出现有明显的分界线为止

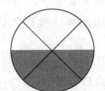
调节左边旋钮使分界线经过交叉点为止，并在左边目镜中读数

(a)

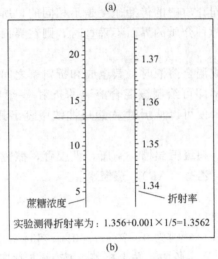

实验测得折射率为：1.356+0.001×1/5=1.3562

(b)

图 2-31 测定折射率示意图

(5) 重复以上操作，同样方法依次测定 2~6 号溶液和未知组成的混合液的折射率。

(6) 结束工作

测定结束后，用丙酮将镜面清洗干净，并用擦镜纸吸干。拆下连接恒温槽的胶管和温度计，排尽金属套中的水，将阿贝折光仪擦拭干净，装入盒中。

(7) 数据记录和处理

① 将实验测定的折射率数据填入表 2-8 中。

表 2-8 数据记录表

测定温度____℃

项目	0	20%	40%	60%	80%	100%	未知样
第一次							
第二次							
平均值							

② 以"组成"为横坐标，"折射率"为纵坐标，在坐标纸上绘制乙醇-丙酮溶液的折射率-组成曲线。

③ 从折射率-组成曲线中查出未知样的组成并填入表 2-8 中。

注意事项

(1) 阿贝折光仪不能用来测定酸性、碱性和具有腐蚀性的液体。并应防止阳光暴晒，放置于干燥、通风的室内，防止受潮。

(2) 要特别注意保护棱镜镜面，滴加液体时防止滴管口划镜面。每次擦拭镜面时，只许用擦镜头纸轻擦，测试完毕，也要用丙酮洗净镜面，待干燥后才能合拢棱镜。

(3) 试样液体应充满间隙；测定易挥发液体时应尽量缩短测量时间，或者及时补加试样。

(4) 阿贝折光仪量程是 1.3000～1.7000，精密度为 ±0.0001。读数时要仔细认真，保证测量数据的准确性。读数时，若在目镜中看不到半明半暗分界线而是畸形，可能是由于棱镜间未充满液体；若出现弧形光环，可能是由于光线未经过棱镜而直接照射到聚光镜上。

(5) 测量完毕，拆下连接恒温槽的胶皮管，棱镜夹套内的水要排尽。

(6) 阿贝折光仪可以和恒温水浴相连，调节所需温度，通常为20℃。若无恒温槽，所得数据要加以修正，通常温度升高1℃，液态化合物折射率降低 $(3.5～5.5)\times10^{-4}$。

(7) 仪器长期未使用，须对刻度盘的标尺零点进行校正。方法是按上述方法测定纯水的折射率，其标准值与测定值之差即为校正值。

【思考题】

(1) 什么是折射率？其数值与哪些因素有关？
(2) 使用阿贝折光仪应注意什么？

【阅读材料】 中药提取新技术在实际生产中的应用

我国从20世纪20年代就开始了现代中药的研究，标志着我国从本草学阶段进入了现代药学阶段。特别在中药提取分离有效成分方面取得了巨大成就，提高了中药材的利用率和治疗效果。目前中药提取中较常用的方法有煎煮法、水蒸馏法、溶剂浸提法等。其优点为操作简便，对工艺、设备的要求不是很高，应用较为广泛。但它同时也存在些缺点，如：提取时间长，提取液中含有较多杂质，给下一步精制带来不便，从而影响有效成分的提出率。随着现代科学的发展，越来越多的先进技术被应用到中药提取中来，如大孔树脂吸附提取技术、超临界萃取技术及超声波提取技术在中药生产中的应用，较传统的提取方法而言，中药中有效成分的提取纯度高、方法更加简便，对优化中药剂型和工艺、变有效的粗提物为有效的精提物，提供了有利的技术支持。

一、大孔树脂吸附提取技术

大孔吸附树脂是一类不带离子交换基团的大孔结构的高分子吸附剂，属多孔性交联聚合物。主要是以苯乙烯、二乙烯苯为原料，在0.5%的明胶水混悬液中，加入一定比例的致孔剂聚合而成。它具有良好的网状结构和很高的比表面积，通过物理吸附从水溶液中有选择地吸附有机物质，从而达到分离提纯的目的。它是继离子交换树脂之后发展起来的一类新型的分离介质，可以分为非极性、中等极性与极性吸附树脂三类。大孔吸附树脂由于其骨架材料的不同而有非极性与极性之分，其孔径可在制备时根据需要加以控制。

大孔吸附树脂能够吸附液体里的物质（吸附剂），其原理为：任何固体内部的分子，在其周围受到的作用力是相等的，而固体表面上分子受到的作用力是不均等的，故在其表面遇到与其电荷相反的物质，即发生吸附作用。而大孔吸附树脂的吸附作用主要是通过表面吸附、表面电性或形成氢键等来实现的。大孔树脂提取技术的应用，使中草药有效成分单体或复方中某一成分的含量指标提高，具有快速、高效、方便、灵敏、选择性好等优点。目前，采用此技术对中药材中皂苷类、生物碱类、黄酮及内酯类等有效成分的提取应用效果较好。

二、大孔吸附树脂分离、纯化中药提取液的应用

大孔吸附树脂（macroreticular resin）是20世纪60年代末发展起来的一类有机高聚物

吸附剂，它具有孔网状结构和较好的吸附性能，目前已广泛应用于废水处理、医药工业、临床鉴定和食品等领域，在我国，采用大孔吸附树脂分离纯化中药提取液已越来越受到人们的重视，现作一综述，以期推动其在该领域的应用并完善之。

应用大孔吸附树脂分离、纯化中药提取液最早开始于20世纪70年代末，到目前，在对中药有效成分的分析以及中药制剂中的应用都取得了一些满意的结果，分别归纳如下。

(1) 中药有效成分分析中的应用

在对某些中药材或者中药复方制剂中的有效成分进行定性、定量检测时，使用大孔吸附树脂可有效地除去某些干扰成分，而取得较好的效果。据统计，用于皂苷测定的处理报道甚多，用大孔吸附树脂纯化供试品采用吸收光度法的有：章观德测定三七及其制剂冠心宁中的总皂苷的含量；董林等测定三七蜂王浆中三七皂苷的含量；王乃利等测定了国内外人参根中及部分人参制剂中皂苷的含量。以上实验表明：采用大孔吸附树脂对某些样品在适当的条件下进行预处理，再结合其他的检测手段测定其中的有效成分，不仅结果准确、可靠，而且对控制中药材和中药制剂的质量具有很好的实用价值，值得借鉴和推广。

(2) 中药制剂中的应用

同传统的水醇法工艺一样，大孔吸附树脂法在中药制剂中也被用来进行单味中药的提取、分离或者复方制剂的纯化、制备，在单味中药方面，从1979年至现在，文献报道主要集中在苷、皂苷、生物碱、黄酮等中药有效成分的提取、分离。如天麻中天麻苷的分离；薄盖灵芝中腺嘌呤和嘧啶核苷的分离；赤芍中赤芍苷和糖的分离。金京玲等采用大孔吸附树脂法制得的蒺藜总皂苷其得量明显高于传统方法。用大孔吸附树脂法提取生物碱，在20世纪80年代初就有人报道了用于三颗针中生物碱的提取，提取率可达97%；另有人从树脂的筛选、到吸附和解吸条件的确定，较全面研究了用树脂法提取喜树碱；近来，邓少伟等用大孔吸附树脂法制得了含川芎嗪和阿魏酸达25%～29%以上的川芎提取物；报道最多的是银杏叶提取物（GBE）的制备，应用D101吸附树脂精制得含黄酮约38%的GBE产品。因此认为用树脂纯化中药复方的设想基本可行，但相对单味中药的提取而言，用于中药复方制剂的研究起步较晚，有一些成功的经验，如廖工铁等用LD601型大孔吸附树脂精制人参提取液，制得药理作用明显，各项指标符合注射剂要求的参附注射液；将龟鹿补肾液的生产工艺由原来的醇沉法改为树脂法，制得各项指标明显高于前者的口服液。

三、展望及问题

综上所述，大孔吸附树脂在分离、纯化中药提取液方面已日益显示其独特的效果，它有着广阔的应用前途，不仅为中药制剂质量控制和中药现代化研究提供更有效、可靠的纯化手段，更重要的是能改善传统中药制剂"粗、大、黑"的外观和服用量过大等缺点，对中药制剂的革新起积极的推动作用。但由于应用大孔吸附树脂分离、纯化中药有效成分的时间不长，用来制备中药复方制剂则还刚刚起步，目前对于它的研究还不够深入，因此，它的应用还有一个不断发展完善的过程，对存在的一些问题需要我们作进一步探讨和解决。

【参考文献】

[1] 赵建庄，符史良. 有机化学实验. 第2版. 北京：高等教育出版社，2007.

[2] 周莹. 有机化学实验. 长沙：中南大学出版社，2006.

[3] 李妙葵，贾瑜，高翔，李志铭. 大学有机化学实验. 上海：复旦大学出版社，2006.

[4] 刘约权，李贵深. 实验化学. 第2版. 北京：高等教育出版社，2005.

[5] 李英俊，孙淑琴．半微量有机化学实验．北京：化学工业出版社，2005．
[6] 李桂汕，段文贵，张淑琼．有机化学实验．上海：华东理工大学出版社，2005．
[7] 高占先．有机化学实验．第 4 版．北京：高等教育出版社，2004．
[8] 李吉海．基础化学实验（Ⅱ）——有机化学实验．第 2 版．北京：化学工业出版社，2007．
[9] 李霁良．微型半微型有机化学实验．北京：高等教育出版社，2003．
[10] 李兆陇，阴金香，林天舒．有机化学实验．北京：清华大学出版社，2001．
[11] 王福来．有机化学实验．武汉：武汉大学出版社，2001．

第3章 有机物的制备与鉴定

实验 16 环己烯的制备及产品分析

【实验目的】
(1) 熟悉制备环己烯 (cyclohexene) 的反应原理,掌握环己烯的制备方法。
(2) 学习分液漏斗的使用及分馏操作。
(3) 学习气相色谱的使用和具体操作,掌握用气相色谱检测产品纯度的方法。

【实验原理】

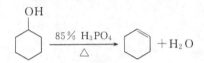

【主要仪器和试剂】
(1) 仪器:加热套,分馏装置,蒸馏装置。
(2) 试剂:环己醇,磷酸,饱和食盐水,无水氯化钙等。

【实验步骤】
在 50mL 干燥的圆底烧瓶中,加入 10mL 环己醇及 5mL 85%磷酸,充分振摇使两种液体混合均匀。投入 1~2 粒沸石,按如图 3-1 所示安装好分馏装置[1]。分馏装置的装配原则和蒸馏装置完全相同。在装配及操作时,更应注意勿使分馏头的支管折断。

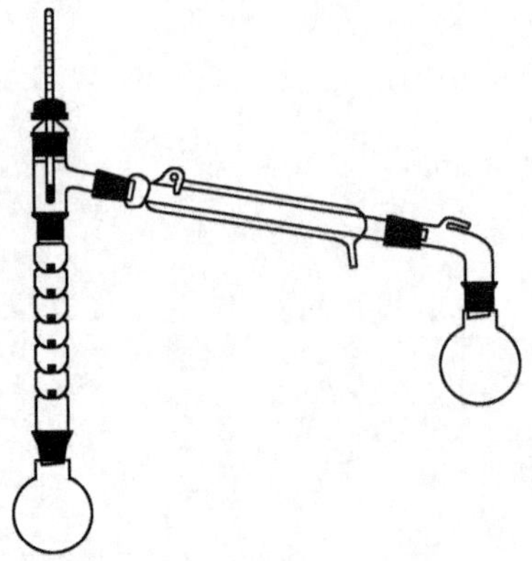

用小火慢慢加热混合物至沸腾,以较慢速度进行蒸馏并控制分馏柱顶部温度不超过 73℃[2]。当无液体蒸出时,加大火焰,继续蒸馏。直至反应瓶中冒白烟或温度计上下波动时,表明反应已近完全,停止加热。蒸出液为环己烯和水的混合液。

小烧瓶中的粗产物,倒入分液漏斗中[3],分出水层,加入等体积的饱和食盐水,摇匀后静置片刻,待液体分层后继续分离。油层转移到干燥的小锥形瓶中,加少量无水氯化钙干燥。

图 3-1 制备环己烯的分馏装置

将干燥后的粗制环己烯倒入干净、干燥的蒸馏烧瓶[4]中进行蒸馏(图 3-4),收集 82~85℃ 的馏分。称重或者测量体积,计算产率。产品进行色谱分析,检测产品的纯度和含量。

产量:约 4g。

纯环己烯为无色透明液体,沸点 83℃,d_4^{20} 0.8102,n_D^{20} 1.4465。

注释
[1] 环己醇在常温下是黏稠状液体,因而若用量筒量取时应注意转移中的损失。
[2] 待液体开始沸腾,蒸气进入分馏柱中时,要注意调节浴温,使蒸气缓慢而均匀地沿分馏柱壁上

升。由于反应中环己烯与水形成共沸物（沸点 70.8℃，含水 10%），环己醇与环己烯形成共沸物（沸点 64.9℃，含环己醇 30.5%），环己醇与水形成共沸物（沸点 97.8℃，含水 80%），因此在加热时温度不可过高，蒸馏速度不宜太快，以减少未作用的环己醇蒸出。

[3] 水层应尽可能分离完全，否则将增加无水氯化钙的用量，使产物更多地被干燥剂吸附而损失，这里用无水氯化钙干燥较适合，因为它还可除去少量环己醇。

[4] 在蒸馏已干燥的产物时，蒸馏所用仪器都应充分干燥。

【思考题】
(1) 用磷酸作脱水剂比用浓硫酸作脱水剂有什么优点？
(2) 如果实验产率太低，试分析主要是在哪些操作步骤中造成损失？
(3) 在粗制的环己烯中，加入精盐使水层饱和的目的何在？
(4) 下列醇用浓硫酸进行脱水反应的主要产物是什么？
① 3-甲基-1-丁醇；
② 3-甲基-2-丁醇；
③ 3,3-二甲基-2-丁醇。

实验 17 正溴丁烷的制备及产品的分析检测

【实验目的】
(1) 掌握由醇制备正溴丁烷（1-bromobutane）的原理和方法。
(2) 掌握回流及气体吸收装置和分液漏斗的使用方法。
(3) 了解测定折射率对研究有机化合物的实用意义。
(4) 掌握使用阿贝折光仪的测定方法。

【实验原理】
主反应：
$$NaBr + H_2SO_4 \longrightarrow HBr + NaHSO_4$$
$$C_4H_9OH + HBr \rightleftharpoons C_4H_9Br + H_2O$$

副反应：
$$C_4H_9OH \xrightarrow{H_2SO_4} C_4H_8 + H_2O$$
$$2C_4H_9OH \longrightarrow (C_4H_9)_2O + H_2O$$

【主要仪器和试剂】
(1) 仪器：回流装置，加热套，蒸馏装置。
(2) 试剂：正丁醇，溴化钠（无水），浓硫酸，10%碳酸钠溶液，无水氯化钙。

【实验步骤】
在一个 50mL 的圆底烧瓶中分别加入 8.3g 研细的溴化钠、6.2mL 正丁醇和 1~2 粒沸石。烧瓶上装一回流冷凝管。事先配好 1+1 的硫酸[1]，将稀释的硫酸分 4 次从冷凝管上端加入圆底烧瓶，每加一次都要充分振荡烧瓶，使反应物混合均匀。

在冷凝管上口，用弯玻璃管连接一气体吸收装置（图 3-2）[2]。将圆底烧瓶放在加热套上，缓慢加热至沸腾，保持回流 30min[3]。

反应完成后，将反应物冷却 5min。卸下回流冷凝管，再加入 1~2 粒

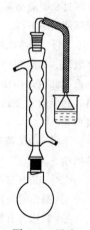

图 3-2 回流冷凝装置

沸石，安装蒸馏装置进行蒸馏（图 3-3）。仔细观察馏出液，直到无油滴蒸出为止[4]。

将馏出液倒入分液漏斗中，将油层[5]从下面放入一个干燥的小锥形瓶中，然后用 3mL 浓硫酸分两次加入瓶内，每加一次都要摇匀混合物。如果锥形瓶发热，可用冷水浴冷却。将混合物慢慢倒入分液漏斗中，静置分层，放出下层的浓硫酸[6]。油层依次用 10mL 水[7]、5mL 10%碳酸钠溶液和 10mL 水洗涤，每次都要进行分离。最后将下层的粗 1-溴丁烷放入干燥的小锥形瓶中，加少量块状的无水氯化钙干燥，直到液体澄清为止。

将干燥好的粗产品倒入 25mL 圆底烧瓶中（注意勿使氯化钙掉入圆底烧瓶中），投入 1~2 粒沸石，安装蒸馏装置（图 3-4），蒸馏，收集 99~102℃ 的馏分。用折光仪[8]测定 1-溴丁烷的折射率。

图 3-3　蒸馏装置（一）

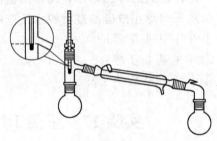

图 3-4　蒸馏装置（二）

产量：约 6g。

纯 1-溴丁烷为无色透明液体，沸点 101.6℃，d_4^{20} 1.275，n_D^{20} 1.4401。

注释

［1］ 1+1 硫酸（即 62%硫酸）的配制方法：在一个小锥形瓶中加入 10mL 水，并将小锥形瓶置于冷水浴中冷却，一边振摇一边慢慢加入 10mL 浓硫酸。

［2］ 掌握气体吸收装置的正确安装和使用。

［3］ 反应过程中不时摇动烧瓶，或加入磁力搅拌，促使反应完全。

［4］ 正溴丁烷是否蒸完，可以从下列几方面判断：①蒸出液是否由浑浊变为澄清；②蒸馏瓶中的上层油状物是否消失；③取一试管收集几滴馏出液，加水摇动观察有无油珠出现，如无，表示馏出液中已无有机物，蒸馏完成。

［5］ 通常情况下馏出液的上层为粗产品正溴丁烷，即油层。若未反应的原料正丁醇较多，或因蒸馏时间过长而蒸出氢溴酸共沸物，使液层的相对密度发生变化，油层可能悬浮或变为上层，此时，可加清水稀释使油层下沉。

［6］ 用浓硫酸洗涤产物时，洗涤前一定要先将油层和水层彻底分开，否则浓硫酸被稀释而降低洗涤效果。如果粗产品蒸馏时蒸出了氢溴酸，洗涤前又未完全分离，加入浓硫酸后油层和水层都变为橙黄色或橙红色，用碳酸钠洗涤后又变为无色。如果油层所带的水中无氢溴酸，用浓硫酸洗涤时虽然也要发热，却无颜色变化。说明浓硫酸洗涤时油层发生颜色变化是由于未分尽的氢溴酸被浓硫酸氧化成游离的溴所致。

［7］ 油层若呈红色，可用少量的饱和亚硫酸氢钠水溶液洗涤，以除去由于浓硫酸的氧化作用生成的游离溴。

［8］ 折光仪操作注意事项如下。

① 操作时要特别小心，严禁触及棱镜，特别是油手、汗手及滴管的末端等。

② 若边界有颜色或出现漫射，可转动消色散棱镜即消色补偿器，直至边界呈无色和明暗界线清晰。

③ 测定有毒样品的折射率时，应在通风橱内操作。

④ 若使用数显折光仪，可直接从荧光屏上读取数据。

【思考题】
(1) 本实验有哪些副反应？如何减少副反应？
(2) 反应时硫酸的浓度太高或太低会有什么结果？
(3) 试说明各步洗涤的作用。
(4) 反应后的粗产物中含有哪些杂质？各步洗涤的目的何在？
(5) 用分液漏斗时，正溴丁烷时而在上层，时而在下层，如不知道产物的密度时，可用什么简便的方法加以判别？
(6) 为什么用10%碳酸钠溶液洗涤前先要用水洗一次？

实验18 乙酸正丁酯的制备及纯度检测

酸与醇直接制备酯，在实验室中有以下三种方法。
(1) 共沸蒸馏分水法，生成的酯和水以共沸物的形式蒸出来，冷凝后通过分水器分出水，油层回到反应器中。
(2) 提取酯化法，加入溶剂，使反应物生成的酯溶于溶剂中，和水层分开。
(3) 直接回流法，一种反应物过量，直接回流。

制备乙酸正丁酯（butyl acetate）用共沸蒸馏分水法较好。

为了将反应物中生成的水除去，利用酯、酸和水形成二元或三元恒沸物，采取共沸蒸馏分水法，使生成的酯和水以共沸物形式逸出，冷凝后通过分水器分出水层，油层则回到反应器中。

【实验目的】
(1) 了解乙酸正丁酯的合成意义。
(2) 掌握乙酸正丁酯的制备方法以及分水器的使用。
(3) 掌握气相色谱测定产品纯度的方法。

【实验原理】
用酸与醇反应制备乙酸正丁酯

$$CH_3COOH + n\text{-}C_4H_9OH \rightleftharpoons CH_3COOC_4H_9\text{-}n + H_2O$$

【主要仪器和试剂】
(1) 仪器：反应烧瓶，冷凝管，蒸馏头，尾接管，锥形瓶，气相色谱仪。
(2) 试剂：正丁醇11.5mL（9.3g，0.125mol），冰醋酸7.2mL（7.5g，0.125mol），浓硫酸，10%碳酸钠溶液，无水硫酸镁。

【实验步骤】

在干燥的50mL圆底烧瓶中，装入11.5mL正丁醇和7.2mL冰醋酸，再加入3～4滴浓硫酸[1]。混合均匀，投入1～2粒沸石。按照装置图（图3-5）安装分水器及回流冷凝管，并在分水器中预先加水至略低于支管口。打开循环水，待水流量稳定后，用加热套加热回流，反应一段时间后把水逐渐分去[2]，保持分水器中水层液面始终低于支管，避免水回到反应瓶。约40min后不再有水生成，表示反应完毕。停止加热。量取分出水的总体积，减去预加入水的体积，即为反应生成的水量[3]。冷却后，卸下回流冷凝管，把分水器中分出的酯层和圆底烧瓶中的反应液一起倒入分液漏斗中，进行产品的精制。

图3-5 回流分水装置

将上述反应液在分液漏斗中用 10mL 水洗涤，分去水层。将酯层用 10mL 10%碳酸钠溶液洗涤至中性，分去水层。酯层再用 10mL 水洗涤一次，分去水层。将酯层从分液漏斗的上部倒入干燥的小锥形瓶中，加少量无水硫酸镁干燥。

将干燥后的乙酸正丁酯倒入干燥的 30mL 圆底烧瓶中（注意不要把硫酸镁倒进去），加入沸石，安装好蒸馏装置（图 3-4），加热蒸馏。收集 124～126℃的馏分。前后馏分倒入指定的回收瓶中。得到的产品进行气相色谱分析，检测产品纯度。

气相色谱测定条件：邻苯二甲酸二壬酯为固定液，柱温和检测器温度 100℃，气化温度 150℃，热导检测器。氢气为载气，流速 45mL/min。

产量：10～11g。

纯乙酸正丁酯是无色液体，沸点 126.5℃，d_4^{20} 0.882，n_D^{20} 1.39。

注释

[1] 浓硫酸在反应中起催化作用，故只需少量。

[2] 本实验利用共沸混合物除去酯化反应中生成的水。正丁醇、乙酸正丁酯和水形成以下几种共沸混合物（表 3-1）。

表 3-1 共沸混合物组成

沸点/℃	组成/%		
	正丁醇	水	乙酸正丁酯
117.6	67.2		32.8
93	55.5	45.5	
90.7		27	73
90.7	8	29	63

[3] 根据分出的总水量，可以粗略地估计酯化反应完成的程度。

【思考题】

(1) 本实验根据什么原理提高乙酸正丁酯的产率？

(2) 计算反应完全时应分出多少水？

(3) 从气相色谱分析的结果估计产物中杂质的含量。

(4) 什么叫回流？比较回流和蒸馏装置的异同。

实验 19 肉桂酸的制备

缩合反应的范围极为广泛，例如羟醛（aldol）、珀金（Perkin）和克莱森（Claisen）等缩合反应。

芳醛与含有 α-氢原子的脂肪酸酐，在碱性催化剂的催化作用下共热，发生缩合反应，生成芳基取代的 α,β-不饱和酸，这个反应称为珀金反应。催化剂通常是相应酸酐的羧酸钾或钠盐，也可以用叔胺、氟化钾或碳酸钾。

【实验目的】

(1) 了解由 Perkin 反应制备肉桂酸（cinnamic acid，β-phenylacrylic acid）的原理和方法。

(2) 学习水蒸气蒸馏的原理，并掌握其装置及操作技术。

(3) 初步掌握混合溶剂重结晶的原理及操作方法。

【实验原理】

$$\underset{}{C_6H_5CHO} + (CH_3CO)_2O \xrightarrow[150\sim170℃]{CH_3COOK} C_6H_5CH=CHCOOH + CH_3COOH$$

【主要仪器和试剂】

(1) 仪器：空气冷凝管，温度计，电热套，三口烧瓶，水蒸气发生器，直形冷凝管，尾接管，锥形瓶，烧杯，布氏漏斗，抽滤瓶等。

(2) 试剂：新蒸苯甲醛，新蒸乙酸酐，无水醋酸钾，饱和碳酸钠溶液，浓盐酸，活性炭等。

【实验步骤】

[方法 1] 在干燥的 50mL 圆底烧瓶中加入 3g 无水醋酸钾[1]、3mL 苯甲醛[2]和 5.5mL 乙酸酐，振荡使三者混合均匀，安装空气冷凝管和温度计（图 3-6），电热套加热回流 1h。反应液始终保持在 150～170℃。

回流结束后，将反应混合物趁热倒入盛有 25mL 水的 250mL 三口烧瓶中，并用 20mL 热水分两次洗涤原烧瓶，洗涤液均转移到烧瓶中。边振荡边加入饱和 Na_2CO_3 溶液[3]调至溶液呈弱碱性（pH 约 8～9）。安装水蒸气蒸馏装置（图 3-7）。进行水蒸气蒸馏，蒸去未反应的苯甲醛，直到无油状物蒸出为止（馏出液倒入指定的回收瓶）。剩余液体中加入适量活性炭脱色，加热煮沸 10min，并趁热抽滤。待滤液冷却后，搅拌下加入浓盐酸，调至溶液呈酸性（pH 约 2～3），并用冷水浴冷却，有结晶析出，抽滤并用少量冷水洗涤结晶，挤压去水分，晾干称量，计算产率。用乙醇-水混合溶剂重结晶粗产品。

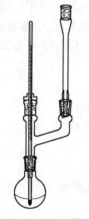

图 3-6 回流装置

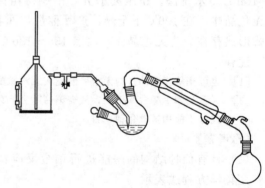

图 3-7 水蒸气蒸馏装置

用混合溶剂重结晶时有两种方法：

(1) 直接将两种溶剂按比例混合，在沸腾状态溶解→热过滤→冷却结晶。

(2) 反滴法：先将待纯化物质在良溶剂接近沸腾时溶解，热过滤。然后于此热溶液中小心加入热的不良溶剂，直至出现浑浊不再消失，再加入少量良溶剂使恰好透明。然后冷却结晶，得纯品。

[方法 2] 在干燥的 250mL 三口烧瓶中，加入 6.0g 研细的无水醋酸钾、6.0mL 新蒸馏的苯甲醛、11mL 乙酸酐，振荡使其混合均匀。三口烧瓶中口装配机械搅拌器，侧口其一接上空气冷凝管，侧口其二装一支 250℃温度计且进入液相（图 3-8）。开动搅拌，用加热套低电压加热使其回流，反应液始终保持在 150～170℃反应 1h。

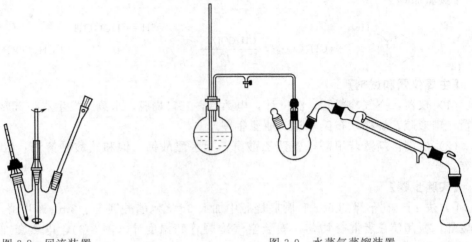

图 3-8　回流装置　　　　　　图 3-9　水蒸气蒸馏装置

将三口烧瓶中的反应物冷却至 100℃，向其中加入 40mL 水，此时有固体析出，搅拌下加入饱和碳酸钠溶液（30～40mL）至混合物呈弱碱性（pH 为 8 左右）。然后进行水蒸气蒸馏（图 3-9）。用 500mL 圆底烧瓶作为水蒸气发生器，用加热套加热（尽可能地使水蒸气产生速度快）。水蒸气蒸馏蒸到蒸出液中无油珠为止（可用盛水的烧杯去接引管下接几滴蒸出液，检验有无油珠）。

卸下水蒸气蒸馏装置，向三口烧瓶中加入约 1.0g 活性炭，加热沸腾脱色 5min。然后进行热过滤。将滤液转移至干净的 200mL 烧杯中，慢慢地用浓盐酸进行酸化至明显的酸性（大约用 25～40mL 浓盐酸）。然后用冷水浴冷却至肉桂酸充分结晶，之后减压过滤。晶体用 5～10mL 冷水洗涤。挤压去水分，干燥得粗肉桂酸。将粗肉桂酸用 30% 乙醇进行重结晶，得无色晶体，在 100℃ 下干燥，产品称量，回收，计算产率。肉桂酸有顺反异构体，通常以反式形式存在，为无色晶体，熔点 135～136℃。产量：4～5g。

注释

[1]　也可用等物质的量的无水醋酸钠或无水碳酸钾代替，其他步骤完全相同。
[2]　久置的苯甲醛含苯甲酸，故需蒸馏除去。久置的乙酸酐含乙酸，也需除去。
[3]　此处不能用氢氧化钠代替。

【思考题】

(1) 具有何种结构的醛能进行珀金反应？苯甲醛和丙酸酐发生珀金反应后得到什么产物？用化学方程式表示。
(2) 为何不能用氢氧化钠代替碳酸钠溶液来中和水溶液？
(3) 用水蒸气蒸馏除去什么？能不能不用水蒸气蒸馏？

实验 20　乙酰苯胺的制备及纯度检测

酰胺可以用酰氯、酸酐、羧酸或酯同浓氨水、碳酸铵或（伯或仲）胺等作用制得。

芳香族的酰胺通常用（伯或仲）芳胺同酸酐或羧酸作用来制备。例如，常用苯胺同冰醋酸共热来制备乙酰苯胺（acetylaniline），这个反应是可逆的。在实际操作中，一般加入过量的冰醋酸，同时用分馏柱把反应中生成的水（含少量醋酸）蒸出，以提高乙酰苯胺的产率。

【实验目的】

(1) 掌握乙酰苯胺的制备方法。
(2) 复习重结晶、分馏、回流和熔点测定的操作。

【实验原理】

$$C_6H_5NH_2 + CH_3COOH \rightleftharpoons C_6H_5NHCOCH_3 + H_2O$$

【主要仪器和试剂】

(1) 仪器：烧瓶，分馏柱，温度计，加热套，真空泵，吸滤瓶，布氏漏斗，齐列管，酒精灯等。

(2) 试剂：苯胺 5mL（5.1g，0.055mol），冰醋酸 7.4mL（7.8g，0.13mol），锌粉，活性炭，液体石蜡等。

【实验步骤】

(1) 粗产品的制备

在 25mL 锥形瓶中装入 5mL 新蒸馏过的苯胺[1]、7.4mL 冰醋酸和 0.1g 锌粉[2]，在锥形瓶上装一个分馏柱，柱顶插一支 150℃ 的温度计，分馏柱支管直接与尾接管相连，用一个小量筒收集馏出液，如图 3-10(a) 所示。

用加热套慢慢加热，使反应液保持微沸 5～10min，然后逐渐升高温度并保持温度计读数在 105℃ 左右。经过 40～60min，反应所生成的水可完全蒸出（含少量醋酸）。当温度计的读数发生上下波动时（有时反应容器中会出现白雾），表示反应已完成，停止加热。

(2) 产品的精制和提纯

在不断搅拌下将反应混合物趁热以细流慢慢倒入盛 80mL 水的烧杯中。继续剧烈搅拌，

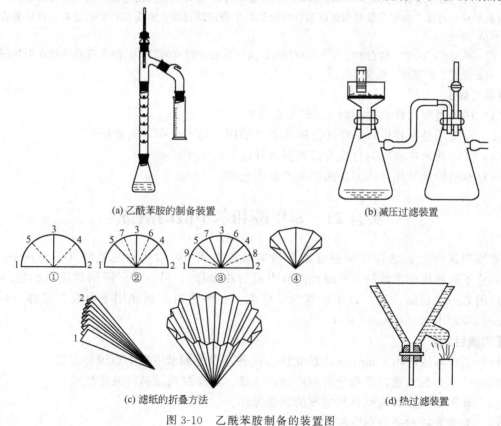

(a) 乙酰苯胺的制备装置　　(b) 减压过滤装置

(c) 滤纸的折叠方法　　(d) 热过滤装置

图 3-10　乙酰苯胺制备的装置图

并冷却烧杯，使粗乙酰苯胺呈细粒状完全析出。用布氏漏斗抽滤析出的固体。用玻璃瓶塞把固体压碎［图 3-10(b)］，再用 5~10mL 冷水洗涤以除去残留的酸液。

将粗乙酰苯胺放入 80~100mL 热水中，加热至沸腾。如果仍有未溶解的油珠[3]，需补加热水，直到油珠完全溶解为止[4]。稍冷后加入约 0.5g 粉末状活性炭[5]，搅拌并煮沸 1~2min。趁热用保温漏斗过滤［图 3-10(c) 和图 3-10(d)][6] 或用预先加热好的布氏漏斗减压抽滤［图 3-10(c)][7]。

冷却滤液，乙酰苯胺呈无色片状晶体析出。减压抽滤，尽量挤压以除去晶体中的水分。产物放在表面皿上烘干。通过熔点测定确定其纯度。

产量：约 4.5g。

纯乙酰苯胺是无色片状晶体，熔点 114℃。

注释

［1］ 久置的苯胺色深，会影响生成的乙酰苯胺的质量。

［2］ 锌粉的作用是防止苯胺在反应过程中氧化。但不能加多，否则在后处理中会出现氢氧化锌不溶于水。新蒸馏过的苯胺可以不加锌粉。

［3］ 此油珠是熔融状态的含水的乙酰苯胺（83℃时含水 13%）。如果温度在 83℃以下，溶液中未溶解的乙酰苯胺以固态存在。

［4］ 乙酰苯胺于不同温度在 100mL 水中的溶解度为：25℃，0.563g；80℃，3.5g；100℃，5.2g。在以后各步加热煮沸时，会蒸发掉一部分水，需随时补加热水。本实验重结晶时水的用量，最好使溶液在 80℃左右为饱和状态。

［5］ 溶液沸腾时加入活性炭，会引起暴沸，使溶液冲出容器造成损失。

［6］ 用三角玻璃漏斗过滤热的饱和溶液时，常在漏斗中或其颈部析出晶体，使过滤难以进行。这时可用保温漏斗来过滤。为了尽量利用滤纸的有效面积以加快过滤速度，常使用折叠式滤纸，其折叠方法如图 3-10(b) 所示。

［7］ 事先将布氏漏斗放在水浴锅中进行预热。这一步如果没有做好，乙酰苯胺晶体将在布氏漏斗内析出，引起操作上的麻烦，造成损失。

【思考题】

(1) 柱顶温度为什么要控制在 105℃左右？

(2) 在重结晶操作中，必须注意哪几点才能使产物产率高，质量好？

(3) 反应达到终点时为什么会出现温度计读数的上下波动？

(4) 本实验是采用什么方法来提高产品产量的？

实验 21　苯甲醇和苯甲酸的制备

芳醛和其他无 α-氢原子的醛在浓的强碱溶液作用下，发生坎尼扎罗（Cannizzaro）反应，一分子醛被氧化成羧酸（在碱性溶液中成为羧酸盐），另一分子醛则被还原成醇。本实验即应用 Cannizzaro 反应，以苯甲醛为反应物，在浓氢氧化钠作用下生成苯甲醇（benzyl alcohol）和苯甲酸（benzoic acid）。

【实验目的】

(1) 了解苯甲醛由 Cannizzaro 歧化反应制备苯甲醇和苯甲酸的原理和方法。

(2) 进一步巩固通过萃取分离粗产物，洗涤、蒸馏及重结晶等纯化技术。

(3) 掌握低沸点、易燃有机溶剂的蒸馏操作。

(4) 掌握有机酸的分离方法。

【实验原理】

主反应：

$$2 \text{C}_6\text{H}_5\text{CHO} + \text{NaOH} \longrightarrow \text{C}_6\text{H}_5\text{CH}_2\text{OH} + \text{C}_6\text{H}_5\text{COONa}$$

$$\text{C}_6\text{H}_5\text{COONa} \xrightarrow{\text{H}^+} \text{C}_6\text{H}_5\text{COOH}$$

副反应：

$$\text{C}_6\text{H}_5\text{CHO} + \text{O}_2 \longrightarrow \text{C}_6\text{H}_5\text{COOH}$$

【主要仪器和试剂】

（1）仪器：锥形瓶，圆底烧瓶，直形冷凝管，接引管，接收器，蒸馏头，温度计，分液漏斗，烧杯，玻璃棒，布氏漏斗，吸滤瓶，空气冷凝管，球形冷凝管，加热套。

（2）试剂：苯甲醛，氢氧化钠，浓盐酸，乙醚，饱和亚硫酸氢钠，10%碳酸钠，无水硫酸镁或无水碳酸钾，刚果红试纸。

【实验步骤】

在 100mL 锥形瓶中，加入 11g 氢氧化钠和 11mL 水，振荡使氢氧化钠完全溶解，冷却至室温。在振荡下，分 4 批加入 12.6mL 新蒸馏过的苯甲醛[1]，分层。加入沸石，安装回流冷凝管。加热回流 1h 间歇振荡直至苯甲醛油层消失，反应物变透明[2]。

（1）苯甲醇的制备

反应物中加入足够量的水（大约 30mL），不断振摇，使其中的苯甲酸盐全部溶解[3]。将溶液倒入分液漏斗中，每次用 20mL 乙醚萃取三次[4]。合并上层的乙醚萃取液，下层水溶液保留。上层乙醚萃取液分别用 5mL 饱和亚硫酸氢钠溶液、10mL 10%碳酸钠溶液和 10mL 水洗涤。分离出上层的乙醚萃取液，用无水硫酸镁或无水碳酸钾干燥[5]。

将干燥的乙醚溶液倒入 100mL 圆底烧瓶，连接好普通蒸馏装置［图 1-4(a)］，投入沸石后用温水浴加热，蒸出乙醚（回收）[6]。然后改用空气冷凝管［图 1-4(b)］，加热，收集 202～206℃的馏分。产量约 4.5g，纯苯甲醇为无色液体，沸点 205.4℃，d_4^{20} 1.045。

（2）苯甲酸的制备

步骤（1）中保留的水溶液用浓盐酸酸化使刚果红试纸变蓝[7]，充分搅拌，冷却使苯甲酸析出完全，抽滤。粗产物分为两份，一份干燥，另一份用水重结晶[8]。总产量约 7g，纯苯甲酸为无色针状晶体，熔点 122.4℃。

注释

[1] 原料苯甲醛易被空气氧化，所以保存时间较长的苯甲醛，使用前应重新蒸馏；否则苯甲醛已氧化成苯甲酸而使苯甲醇的产量相对减少。

[2] 在反应时充分振摇的目的是让反应物要充分混合，否则对产率的影响很大。一开始加入苯甲醛时会有白色浑浊物产生，呈现片状。回流物为油状苯甲醛。加热回流浑浊物变少，反应结束后呈现溶液。

[3] 在第一步反应时加水后，苯甲酸盐如不能溶解，可微微加热。

[4] 用分液漏斗分液时，水层从下面分出，乙醚层要从上面倒出，否则会影响后面的操作。注意提取过的水层要保存好，供下步制苯甲酸用。

[5] 合并的乙醚层用无水硫酸镁或无水碳酸钾干燥时，振荡后要静置片刻至澄清；并充分静置约 30min。干燥后的乙醚层慢慢倒入干燥的蒸馏烧瓶中，应用脱脂棉过滤。

[6] 蒸馏乙醚时严禁使用明火。乙醚蒸完后立刻回收，直接用电热套加热，温度上升到 140℃，用空气冷凝管蒸馏苯甲醇。

[7] 水层如果酸化不完全，会使苯甲酸不能充分析出，导致产物损失。

[8] 重结晶的水量约为 140mL，应该比饱和多 20%。同时为了防止苯甲酸挥发应该在烧杯表面盖一

个表面皿。

【思考题】
(1) 在苯甲醇和苯甲酸的制备中为什么要使用新蒸馏的苯甲醛？
(2) 为什么要振摇？白色浑浊物是什么？
(3) 各步洗涤分别除去什么？
(4) 萃取后的水溶液，酸化到中性是否最合适？为什么？不用试纸，怎样知道酸化已恰当？

实验22 3-丁酮酸乙酯的制备

含有 α-H 的酯在碱性催化剂存在下，能和另一分子酯发生 Claisen 酯缩合反应生成 β-酮酸酯，3-丁酮酸乙酯（3-oxobutanoic acid ethyl ester），或称乙酰乙酸乙酯（ethyl acetoacetate）就是通过这个反应制备的，其催化剂是乙醇钠。通常以酯及金属钠为原料，并以过量的酯为溶剂，利用酯中含有的微量醇与金属钠反应生成醇钠，随着反应的进行，由于醇的不断生成，反应就能不断地进行下去，直至金属钠消耗完毕。

作为原料的酯中如果含醇量过高会影响产品的得率，故一般要求酯中含醇量为 1% ~ 3%。为了防止金属钠与水猛烈反应发生燃烧和爆炸，也为了防止醇钠发生水解，所以本实验必须在无水条件下进行。

【实验目的】
(1) 了解 Claisen 酯缩合反应的机理和应用。
(2) 理解金属钠在酯缩合反应中的作用。
(3) 掌握无水操作及减压蒸馏。

【实验原理】

$$2CH_3COOC_2H_5 \xrightarrow[-C_2H_5OH]{C_2H_5ONa} (CH_3COCHCOOC_2H_5)^- Na^+ \xrightarrow[-AcONa]{CH_3COOH} CH_3COCH_2COOC_2H_5$$

【主要仪器和试剂】
(1) 仪器：圆底烧瓶，球形冷凝管，干燥管，分液漏斗，减压蒸馏装置，水浴装置，锥形瓶，直形冷凝管，接引管，接收器，蒸馏头，温度计，加热套。
(2) 试剂：金属钠，乙酸乙酯，稀醋酸，5%碳酸钠溶液，饱和食盐水，无水碳酸钾或无水硫酸镁。

【实验步骤】

在干燥的 100mL 圆底烧瓶中，加入 15mL 无水的乙酸乙酯[1]和 1g 切细的并切除氧化膜的金属钠[2]。安装回流冷凝管、CaCl$_2$ 干燥管（图 3-11）。水浴加热，促使反应开始。若反应过于剧烈，可暂时用冷水浴冷却。待反应缓和后，再开始加热，保持缓缓回流。直至金属钠全部反应完[3]，停止加热[4]（此时混合液变为橘红色透明溶液，有时有黄白色沉淀析出）。冷却至室温，卸下冷凝管。将烧瓶浸在冷水浴中，在摇动下缓慢地滴加 25% 的稀醋酸，使呈弱酸性，这时所有固体物质都溶解[5]。用分液漏斗分离出红色的酯层。用 5mL 乙酸乙酯提取水层中的酯，并入原酯层。酯层用 5%碳酸钠溶液洗至中性，用等体积饱和食盐水洗涤，再用无水碳酸钾或无水硫酸镁干燥。

将干燥的液体倒入 100mL 克氏蒸馏烧瓶内。装好减压蒸馏装置（图 3-12），先在常压下蒸出乙酸乙酯，然后在减压下蒸出乙酰乙酸乙酯。所收集馏分的沸点范围视情况而定，如表 3-2 和图 2-16 所示。

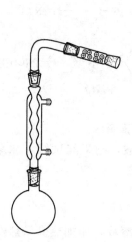

图 3-11 回流装置

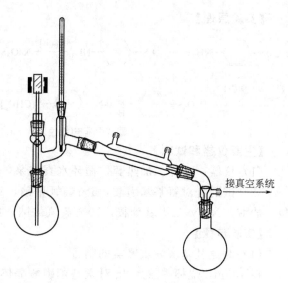

图 3-12 真空蒸馏装置

表 3-2 馏分压力-沸点关系

压力/kPa	1.666	1.866	2.399	3.866	5.998	10.66
(压力/mmHg)	(12.5)	(14)	(18)	(29)	(45)	(80)
沸点/℃	71	74	79	88	94	100
沸点范围/℃	69～73	72～76	77～81	86～90	92～96	98～102

产量 2～3g。

纯乙酰乙酸乙酯为无色液体,沸点为 180.4℃,折射率 1.4192,d_4^{20} 1.025。

注释

[1] 所用的乙酸乙酯必须是无水的,乙酸乙酯中须事先加入一定量的无水乙醇。
[2] 金属钠颗粒的大小直接影响缩合反应的速率。
[3] 金属钠全部消失所需时间视钠的颗粒大小而定,一般需 1.5～3h。
[4] 缩合反应这一步骤必须在一次实验课内完成,否则会影响产量。
[5] 滴加稀醋酸时,需特别小心,如果反应物内含有少量未转化的金属钠,会发生剧烈反应。在此操作中还应避免加入过量的醋酸溶液,否则将会增加酯在水中的溶解度,降低产量。

【思考题】

(1) 所用仪器未经干燥处理,对反应有什么影响?为什么?
(2) 为什么最后一步要用减压蒸馏法?

实验 23 甲基橙的制备

甲基橙(methyl orange)是指示剂,它由对氨基苯磺酸重氮盐与 N,N-二甲基苯胺的醋酸盐在弱酸性介质中偶合得到。偶合首先得到的是嫩红色的酸式甲基橙,称为酸性黄,在碱中酸性黄转变为橙黄色的钠盐,即甲基橙。

【实验目的】

(1) 理解重氮化、偶合反应的原理及在合成中的应用。
(2) 掌握重氮化和偶合反应的操作方法及反应条件的控制。
(3) 巩固盐析和重结晶的原理和操作。

【实验原理】

$HO_3S-C_6H_4-NH_2 \longrightarrow {}^-O_3S-C_6H_4-{}^+NH_3 \xrightarrow{NaOH} NaO_3S-C_6H_4-NH_2 \xrightarrow[HCl]{NaNO_2} [HO_3S-C_6H_4-N{}^+{\equiv}N]Cl^-$

$\xrightarrow{C_6H_5-N(CH_3)_2} [HO_3S-C_6H_4-NH{}^+{=}N-C_6H_4-N(CH_3)_2]OAc^- \xrightarrow{NaOH} NaO_3S-C_6H_4-N{=}N-C_6H_4-N(CH_3)_2$

酸式甲基橙(红色)   甲基橙

【主要仪器和试剂】

(1) 仪器：烧杯，加热套，循环水真空泵，布氏漏斗，吸滤瓶，玻璃棒。

(2) 试剂：对氨基苯磺酸，5%氢氧化钠，10%亚硝酸钠，浓盐酸，刚果红试纸，冰醋酸，盐酸，N,N-二甲基苯胺，10%氢氧化钠，氯化钠。

【实验步骤】

(1) 对氨基苯磺酸重氮盐的制备

在100mL烧杯中放入2g对氨基苯磺酸晶体和4mL 5%氢氧化钠溶液，用加热套微热使之溶解[1]。冷却至室温后，加入8mL 10%亚硝酸钠溶液，在冰水浴中冷却至5℃以下。

在150mL烧杯放入10mL 6mol/L的盐酸和约10g冰屑，也在冰水浴中冷却至5℃以下。

将对氨基苯磺酸和亚硝酸钠的混合液在搅拌下[2]分批滴入冰冷的盐酸溶液中，用刚果红试纸检验，始终保持反应液为酸性。使温度保持在5℃以下[3]，很快就出现对氨基苯磺酸重氮盐的细粒状白色沉淀[4]，为了保证反应完全，继续在冰浴中放置15min。

(2) 偶合

将1.3mL N,N-二甲基苯胺和1mL冰醋酸溶液振荡使之混合。在搅拌下将此溶液慢慢加到上述冷却的对氨基苯磺酸重氮盐溶液中，加完后，继续搅拌10min，此时有红色的酸性黄沉淀，然后，在搅拌下，慢慢加入约15mL 10%氢氧化钠溶液，至反应物变为橙色，粗制的甲基橙呈细粒状沉淀析出。

将反应物加热至沸腾约10~15min，使粗制的甲基橙溶解后，加入5g氯化钠，不断搅拌下，继续加热至氯化钠全部溶解。然后，置于冰浴中冷却，待甲基橙全部重新结晶析出后，抽滤收集结晶。用饱和氯化钠溶液冲洗烧杯2次，每次10mL，并用这些冲洗液洗涤产品[5]。

若要得到较纯的产品，可将滤饼连同滤纸移到装有75mL热水的烧杯中，微微加热并且不断搅拌，滤饼几乎全部溶解后，取出滤纸，让溶液冷至室温，然后在冰浴中再冷却，甲基橙全部结晶析出后，抽滤至干。产品经干燥后，称重。

产品是一种盐，没有明确的熔点，因此不必测定其熔点。

溶解少许产品于水中，加几滴稀盐酸，然后用稀氢氧化钠溶液中和，观察溶液的颜色有何变化？

注释

[1] 对氨基苯磺酸是一种有机两性化合物，其酸性比碱性强，能形成酸性的内盐，它能与碱作用生成盐，难与酸作用成盐，所以不溶于酸。但是重氮化反应又要在酸性溶液中完成，因此，进行重氮化反应时，首先将对氨基苯磺酸与碱作用，变成水溶性较大的对氨基苯磺酸钠。

$C_6H_4(SO_3^-)(NH_3^+) + NaOH \longrightarrow C_6H_4(SO_3^-Na^+)(NH_2) + H_2O$

[2] 在重氮化反应中,溶液酸化时生成 HNO_2:

$$NaNO_2 + HCl \longrightarrow HNO_2 + NaCl$$

同时,对氨基苯磺酸钠亦变为对氨基苯磺酸从溶液中以细粒状沉淀析出,并立即与 HNO_2 作用,发生重氮化反应,生成粉末状的重氮盐:

[反应式:对氨基苯磺酸钠 + HCl → 对氨基苯磺酸 (SO_3^-, NH_3^+) $\xrightarrow{HNO_2}$ 重氮盐 (SO_3^-, $N\equiv N:$)]

为了使对氨基苯磺酸完全重氮化,反应过程中必须不断搅拌。

[3] 重氮反应过程中,控制温度很重要,反应温度若高于5℃,则生成的重氮盐易水解成苯酚,降低产率。

[4] 用淀粉-碘化钾试纸检验,若试纸显蓝色表明 HNO_2 过量。

$$2HNO_2 + 2KI + 2HCl \longrightarrow I_2 + 2NO + 2H_2O + 2KCl$$

析出的 I_2 遇淀粉显蓝色。这时应加入少量尿素除去过量的 HNO_2,因为 HNO_2 能起氧化和亚硝基化作用,HNO_2 的用量过多会引起一系列副反应。

$$H_2N-\underset{\underset{O}{\|}}{C}-NH_2 + 2HNO_2 \longrightarrow CO_2\uparrow + N_2\uparrow + 3H_2O$$

[5] 粗产品呈碱性,温度稍高时易使产物变质,颜色变深,湿的甲基橙受日光照射亦会使颜色变深,通常可在65~75℃烘干。

【思考题】
(1) 重氮盐的制备为什么要控制在0~5℃中进行?偶合反应为什么在弱酸性介质中进行?
(2) 在制备重氮盐中若加入氯化亚铜将出现什么样的结果?
(3) N,N-二甲基苯胺与重氮盐偶合为什么总是在氨基的对位上发生?

实验24 甲基叔丁基醚的制备

叔丁醇容易在酸催化下形成较稳定的碳正离子,与醇作用生成混醚,因此含有叔丁醇的混合醚可以通过叔丁醇与醇在酸催化下直接脱水制得。

随着日益严重的城市汽车废气造成的环境污染需要治理,传统有毒的含铅、锰汽油将停止使用,取而代之的是含甲基叔丁基醚、乙基叔丁基醚的汽油。因甲基叔丁基醚(methyl tert-butyl ether)价格更低廉,是一种优良的抗震剂,对环境无污染,其应用更为广泛。

【实验目的】
(1) 学会制备甲基叔丁基醚的方法。
(2) 掌握通过分离水来提高产率的方法。
(3) 进一步巩固萃取、蒸馏等基本操作技术。

【实验原理】
以甲醇和叔丁醇为原料,硫酸为催化剂,均相催化合成甲基叔丁基醚。

主反应:$CH_3OH + HOC(CH_3)_3 \xrightarrow{15\% H_2SO_4} CH_3O-C(CH_3)_3 + H_2O$

副反应:$HOC(CH_3)_3 \xrightarrow{H^+} (CH_3)_2C=CH_2 + H_2O$

【主要仪器和试剂】

（1）仪器：三口烧瓶，温度计，韦氏分馏柱，直形冷凝管，加热套，分液漏斗，尾接管，接收器。

（2）试剂：甲醇，叔丁醇，15%硫酸，无水碳酸钠，金属钠。

【实验步骤】

在250mL三口烧瓶的中口装配一支分馏柱，侧口一装一支插到接近瓶底的温度计，侧口二用塞子塞住。分馏柱顶上有温度计，其支管依次连接直形冷凝管、带支管的接引管和接收器，接引管的支管接一根长橡皮管通到水槽的下水管中，接收器用冰水浴冷却，如图3-13所示。

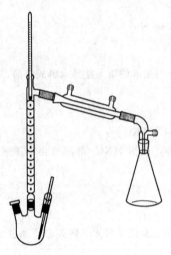

图3-13 常压分馏装置

在上述三口烧瓶中加入90mL 15%硫酸、20mL甲醇和20mL 90%叔丁醇[1]，混合均匀，投入几粒沸石。加热，当烧瓶中的液温到达75～78℃时，产物便慢慢地分馏出来。仔细调整加热量，使得分馏柱顶的蒸气温度保持在(51 ± 2)℃[2]，收集0.5～0.7mL/min馏出液。当分馏柱顶的温度明显地上下波动时[3]，停止分馏。全部分馏时间约1.5h，共收集粗产物约27mL。

将馏出液移入分液漏斗中，用水洗涤多次，每次用5mL水[4]。当醇被除掉后，醚层清澈透明。分出醚层，用少量无水碳酸钠干燥。将醚转移到干燥的回流装置中[图1-3(b)]，加入0.5～1g金属钠，加热回流0.5～1h。最后将回流装置改装为蒸馏装置（图2-12）。蒸出甲基叔丁基醚，收集54～56℃的馏分。

产量：约10g。

纯甲基叔丁基醚为无色透明液体，沸点54℃，d_4^{20} 0.7405，n_D^{20} 1.3689。

注释

[1] 用叔丁醇18.5g，加入2mL水，配成90%的叔丁醇约25mL。若制备量大时，叔丁醇应分批（每次约25mL）加入。

[2] 甲醇的沸点为64.7℃，叔丁醇的沸点为82.6℃，叔丁醇与水的恒沸混合物（含醇88.3%）的沸点为79.9℃，所以分馏时温度应尽量控制在51℃左右（醚和水的恒沸混合物），以不超过53℃为宜。

[3] 分馏后期，馏出速度大大减慢，此时略微调节火焰大小，柱顶温度会随之大幅度地波动，这说明反应瓶中甲基叔丁基醚已基本蒸出。此时反应瓶中的温度大约升到95℃。

[4] 为了除去其中所含的醇，需要重复洗涤4～5次。洗涤至所加水的体积在洗涤后不再增加为止。如果增大制备量时，洗涤的次数还要多。

【思考题】

（1）反应过程中，为何要严格控制馏出温度，馏出速度过快或馏出温度过高，会对反应带来什么影响？

（2）醚化反应时为何用15%硫酸？用浓硫酸可不可以？

（3）用金属钠回流的目的是什么？如果不进行这一步处理，而将干燥后的醚层直接蒸馏，对结果会有什么影响？

实验25 季铵盐的制备

季铵盐（quaternary ammonium salt）是一类重要的化合物，在有机合成中常被用作相转移催化剂，在工业上是一种重要的阳离子表面活性剂。常用季铵盐的合成方法有两种：从伯、仲、叔胺制取季铵盐；低级叔胺与卤代烷反应制取季铵盐。

【实验目的】

（1）了解季铵盐的主要性质和用途。

（2）掌握氯化苄基三乙铵（N-benzyl-N,N-diethylethanaminium chloride，TEBA）的合成原理和方法。

【实验原理】

$$C_6H_5CH_2Cl+(C_2H_5)_3N \longrightarrow C_6H_5CH_2N^+(C_2H_5)_3Cl^-$$

【主要仪器和试剂】

（1）仪器：圆底烧瓶，球形冷凝管，锥形瓶，电热套，抽滤装置。

（2）试剂：氯苄，三乙胺，丙酮，1,2-二氯乙烷。

【实验步骤】

[方法1] 在100mL干燥的圆底烧瓶中加入8mL氯苄、12mL三乙胺和30mL丙酮。加入沸石，装配回流装置[图1-3(b)]，加热回流[1]约3h，注意控制回流速度。

停止加热，反应液冷却后有结晶析出，抽滤[图3-10(b)]，尽量挤干液体。晶体用少量丙酮洗涤两次后干燥[2]，称量。

[方法2] 取5g（约7mL）三乙胺、6g（约6mL）氯苄、20mL 1,2-二氯乙烷放入一个装有电动搅拌器、回流冷凝器及温度计的100mL三口烧瓶中[图1-5(b)]。在搅拌下，于水浴上加热反应物至微沸，保持回流2h。反应完成后，用冷水浴将反应物冷至室温，很快析出白色针状结晶，放置片刻，过滤[图3-10(b)]，用20mL二氯乙烷分两次冲洗，抽干，烘干，称重，测熔点（纯产物熔点为186℃）。

注释

[1] 反应液回流速度要慢，避免三乙胺挥发，也可将反应物混匀后塞紧瓶塞，放置一星期。

[2] 产物极易吸水，应放在真空干燥器内干燥。

【思考题】

（1）还可用什么方法制备季铵盐？

（2）溶剂的作用有哪些？

（3）试写出季铵盐转化为季铵碱的反应式。

实验26 环己醇的制备

最近二十年中，有机化学发展比较迅速的领域之一是有机硼化学。有机硼可以通过硼烷BH_3（通常以二聚体乙硼烷B_2H_6的形式存在）与烯烃或炔烃加成得到。有机硼可以发生一系列反应，其中许多具有合成价值。乙硼烷在有机化学中最重要的应用是通过与烯烃或炔烃加成制备烷基硼或乙烯基硼，这个反应受到醚的催化，可用于各种结构的烯烃。这种加成在室温下就可以很快地进行，但高度空阻的烯烃不发生反应。乙硼烷与烯烃加成时，硼原子主要加成在取代较少的碳原子上，反应是立体选择性的，发生顺式加成。

硼氢化反应的有用性主要归因于生产的中间体——有机硼能够发生一系列转变，得到多种不同的产物。其中最重要的一个反应是有机硼氧化成醇，这个反应可以用碱性过氧化氢进行。得到的产物相当于水对烯烃的反马氏加成产物，且产生的醇保持硼烷原有的立体化学特征，即产生的醇相当于水对烯烃的顺式加成。因此这个方法与烯烃的酸催化水合是互为补充的。总之，硼氢化反应操作简便，条件温和，反应迅速，有立体选择性，在有机合成上具有重要的意义。

【实验目的】
(1) 学习进行硼氢化反应的方法。
(2) 了解硼氢化反应的特点。

【实验原理】

$$3NaBH_4 + 4BF_3 \longrightarrow 3NaBF_4 + 2B_2H_6$$

环己烯 $\xrightarrow{B_2H_6}$ (环己基)$_3$B $\xrightarrow[NaOH]{H_2O_2}$ 环己醇

【主要仪器和试剂】
(1) 仪器：250mL 三口烧瓶，冷凝管，恒压滴液漏斗，温度计，分液漏斗，锥形瓶。
(2) 试剂：硼氢化钠，环己烯，四氢呋喃，三氟化硼-乙醚络合物，3mol/L 氢氧化钠溶液，30%过氧化氢，饱和氯化钠水溶液，无水硫酸镁。

【实验步骤】
在装有搅拌、恒压滴液漏斗[1]及温度计的 250mL 三口烧瓶中 [图 1-5(c)]，加入 1.3g（0.031mol）粉状硼氢化钠、8.2g（0.1mol）环己烯[2]、50mL 四氢呋喃[3]。在滴液漏斗中加入 5.1mL（5.7g，0.04mol）三氟化硼-乙醚络合物和 10mL 四氢呋喃，混合均匀。开动搅拌，用水浴将反应物保持在 25℃，极缓慢地滴加三氟化硼-乙醚络合物[4]的四氢呋喃溶液，使反应温度保持在 24~26℃，在大约 1h 内滴完，在 24~26℃继续搅拌 30min。

反应完成后，从滴液漏斗慢慢滴入 5mL 水，约 10min 滴完，继续搅拌 10min。滴加 11mL 3mol/L 氢氧化钠溶液（1~2min），将反应温度升温至 30℃缓慢滴加 11mL 30%过氧化氢溶液，控制加入速度，以便反应放出的热使温度保持在 30~32℃，也可以用冷水浴冷却，约 25min 加完，在 30~32℃继续搅拌 1h。

用冷水将反应物冷却至室温，加入氯化钠使溶液饱和，分出有机层，水层用 20mL 四氢呋喃提取，分出有机层，合并有机层，用 40mL 饱和氯化钠水溶液洗两次，分出有机层，用无水硫酸镁干燥。干燥后的溶液用水浴加热蒸去溶剂，将残留液（黄色，约 20mL）移入 50mL 蒸馏瓶中，改用油浴（或电热套）加热蒸馏，收集 150~159℃的馏分。

注释
[1] 所有的反应仪器必须充分干燥，恒压滴液漏斗顶端须装配氯化钙干燥管。
[2] 环己烯使用前要通过蒸馏纯制，弃去浑浊的初馏分，收集 83~83.5℃的馏分。
[3] 四氢呋喃在使用前要经过严格处理，首先用无水氯化钙干燥再用金属钠干燥，然后在严格干燥的装置中蒸馏。
[4] 三氟化硼-乙醚络合物使用前需要蒸馏，在蒸馏前最好加入体积分数为 2%的干燥乙醚，蒸馏在减压下进行，收集 46℃/10mmHg 馏分。

【思考题】
为什么第一步反应要在严格无水的条件下进行？

实验 27　7,7-二氯双环 [4.1.0] 庚烷的制备

相转移催化技术在近十年来愈来愈受到人们的广泛关注，有的已在工业上得到了推广，特别是在某些高分子合成农药和医药的部分昂贵产品的合成、卡宾的制备和应用等领域中。

相转移催化是20世纪70年代以来在有机合成中应用日趋广泛的一种新的合成技术。在有机合成中常遇到非均相有机反应，这类反应通常速率慢，收率低。但如果用水溶性无机盐，用极性小的有机溶剂溶解有机物，并加入少量（0.05mol以下）的季铵盐或季鏻盐，反应则很容易进行，这类能促使提高反应速率并在两相间转移负离子的鎓盐，称为相转移催化剂。相转移催化剂的存在，可以与水相中的离子结合（通常情况），并利用自身对有机溶剂的亲和性，将水相中的反应物转移到有机相中，促使反应发生。相转移催化法的研究，其关键在于相转移催化剂的选择和应用。在这个实验中，以三乙基苄基氯化铵（TEBA）为相转移催化剂，研究了氯仿在碱作用下生成的二氯卡宾与环己烯的加成反应。

【实验目的】

(1) 了解卡宾反应制备7,7-二氯双环[4.1.0]庚烷（7,7-dichlorodicyclo[4.1.0]heptane）的原理和方法。

(2) 了解相转移催化的机理。

(3) 熟练掌握减压蒸馏装置及操作方法。

【实验原理】

卡宾（carbene）是通式为 R_2C ：的中性活性中间体的总称，具有很强的亲核性，与碳碳双键发生加成反应生成环丙烷及其衍生物。卡宾通常由含有容易离去基团的分子消去一个中性分子而形成，与碳自由基一样，属于不带正负电荷的中性活泼中间体。卡宾中含有一个电中性的二价碳原子，在这个碳原子上有两个未成键的电子。

卡宾的制备方法很多，常用的有两种：一种是重氮化合物光解或热分解；另一种是通过 α-消去反应。多卤代烷在碱的作用下，消除 α-氢，得多卤代烷基负离子，此负离子不稳定，再消除一个卤离子，就得卡宾。这是 α-消除反应。

卡宾在有机合成中有广泛的应用，主要用于增长碳链制取小环烷烃及多环化合物。

本实验就是利用 $CHCl_3$ 和水反应生成卡宾，与环己烯反应制备目标产物。反应式为 $CHCl_3 + HO^- \longrightarrow H_2O + {}^-CCl_3$，在水相中生成的 ${}^-CCl_3$ 很快在相转移催化剂 TEBA 的作用下转入有机相，并分解成 $:CCl_2$，此中间体在有机溶剂中立即与环己烯发生加成反应，生成7,7-二氯双环[4.1.0]庚烷。若没有相转移催化剂存在，$:CCl_2$ 很快和 OH^- 反应，几乎完全生成 $HCOO^-$ 和 CO。

$$\text{环己烯} + CHCl_3 \xrightarrow[\text{TEBA}]{50\%\text{NaOH}} \text{7,7-二氯双环[4.1.0]庚烷}$$

【主要仪器和试剂】

(1) 仪器：100mL 三口烧瓶，机械搅拌器，球形冷凝管，滴液漏斗，分液漏斗，温度计，烧杯，锥形瓶，加热套，减压蒸馏装置。

(2) 试剂：乙醚，三乙基苄基氯化铵（TEBA），氯仿（无乙醇），环己烯，氢氧化钠(5%)，盐酸(2mol/L)，无水硫酸镁。

【实验步骤】

在100mL三口烧瓶中安装滴液漏斗、温度计、机械搅拌装置和回流冷凝管［图1-5 (b)］。在三口烧瓶中依次加入10.1mL环己烯、0.5g TEBA 和30mL氯仿[1]。开动搅拌，由冷凝管上端的滴液漏斗[2]以较慢的速度滴加氢氧化钠溶液（16g氢氧化钠溶于16mL水中），约15min滴完。反应物的颜色逐渐变为橙黄色。滴完后，缓慢加热回流，保持温度在 50～55℃[3]，继续搅拌 1h。

将反应物冷至室温，加60mL水稀释后转入分液漏斗[4]，分出有机层（如分界处有絮状物，可过滤），水层用 25mL 乙醚提取一次，合并醚层和有机层，用等体积的水洗涤两次，无水硫酸镁干燥。

干燥后的溶液先于常压下水浴加热蒸去乙醚和氯仿，然后改装为减压蒸馏装置进行减压蒸馏（图 2-17），收集 79～80℃/2kPa（15mmHg）的馏分。也可常压蒸馏收集 185～190℃的馏分。

产量：8g 左右。

7,7-二氯双环[4.1.0]庚烷为无色液体，沸点为 197℃，n_D^{20} 为 1.5014。

注释

[1] 实验应使用无乙醇的氯仿。为防止氯仿分解产生光气，常加入少量乙醇作为稳定剂，在用时应该除去。方法是：用等体积的水洗涤氯仿 2～3 次，并用无水氯化钙干燥数小时后进行蒸馏。

[2] 盛碱的滴液漏斗用完立即洗净，以防活塞被腐蚀粘结。

[3] 反应温度不宜过高或过低，温度过高，絮状物增多，不利于分离；温度过低，反应慢，产率也会降低。

[4] 分液时，不要用力振摇分液漏斗，以免严重乳化，影响分离，要充分静止。

【思考题】

(1) 相转移催化剂起什么作用？

(2) 反应中为什么用大大过量的氯仿？

(3) 分液时，若出现乳化现象，应怎样破乳？

实验 28 黄连中黄连素的提取及紫外光谱分析

几个世纪以来人类对存在于自然界的有机化合物——天然有机化合物一直具有极大的兴趣。人类利用天然有机化合物来减轻疼痛和治疗疾病，提供衣着所需的各色染料及调味食品等。植物、微生物、海洋生物是十分重要的天然物资源，人类从这些资源中获得自己所需的各种各样的天然有机化合物。然而要从这些资源中提取纯品是一件十分困难的事情，因为即使是最简单的植物、微生物和海洋生物也是有机化合物的混合物。

天然有机化合物通常以萃取方法从天然物中提取而获得，一般方法可归纳如下：将植物或微生物等研磨成均匀细粒，然后用溶剂或混合溶剂萃取。所用的溶剂应能溶解所需的物质。如为挥发性天然产物，可用气相色谱进行鉴定和分离。但大多数天然产物是难挥发的，所以常需要把萃取溶剂用蒸馏的方法除去，除去萃取溶剂后得到的残液往往是油状或胶状物质，需进一步处理以使混合物分成各种组分，例如可用酸或碱处理使碱性或酸性组分从中性物质中分出；稍微能挥发的化合物则可将残液用水蒸气蒸馏使其与非挥发性物质分开。有些天然产物的纯品为结晶化合物，在除去溶剂时沉淀即从溶液中析出。

本实验将通过"黄连素（berberine）的提取"展示如何从植物中分离纯化得到一种纯的天然产物的全过程，为了让同学们了解各种有机实验操作技术是如何巧妙地结合来完成一项实际的科研工作的。

【实验目的】

(1) 通过从黄连中提取黄连素，掌握回流提取的方法。

(2) 学习掌握紫外吸收光谱的原理和应用范围。

(3) 了解紫外-可见分光光度计的工作原理，学习仪器的使用方法。

【实验原理】

黄连为我国特产药材之一，又有很强的抗菌能力，对急性结膜炎、口疮、急性细菌性痢疾、急性肠胃炎等均有很好的疗效。黄连中含有多种生物碱，以黄连素（俗称小檗碱berberine）为主要有效成分，随野生和栽培及产地的不同，黄连中黄连素的含量约为4%～10%。含黄连素的植物很多，如黄柏、三颗针、伏牛花、白蓝菜、南天竹等均可作为提取黄连素的原料，但以黄连和黄柏中的含量为高。

黄连素是黄色针状体，微溶于水和乙醇，较易溶于热水和热乙醇中，几乎不溶于乙醚，黄连素存在三种互变异构体，但自然界多以季铵碱的形式存在。黄连素的盐酸盐、氢碘酸盐、硫酸盐、硝酸盐均难溶于冷水，易溶于热水，其各种盐的纯化都比较容易。

醇式　　　　　　醛式　　　　　　季铵碱式

分子吸收紫外或可见光后，能在其价电子能级间发生跃迁。有机分子中有几种不同性质的价电子：成键的 $\sigma \rightarrow \sigma^*$、$n \rightarrow \sigma^*$、$\pi \rightarrow \pi^*$、$n \rightarrow \pi^*$。不同分子因电子结构不同而有不同的电子能级和能级差，能吸收不同波长的紫外光，产生特征的紫外吸收光谱。所以，紫外及可见吸收光谱能用于有机化合物的结构鉴定，它主要能提供有机物中电子结构方面的信息。在相同的测定条件下，指定波长处的吸光度与物质的浓度成正比，因此紫外吸收光谱也能用于定量分析。

检测和记录紫外及可见吸收光谱的仪器称为紫外-可见光谱仪。一般的紫外-可见分光光度计检测范围在190～800nm。由于 $\sigma \rightarrow \sigma^*$、$n \rightarrow \sigma^*$ 两种电子跃迁所需的能量较大，只能吸收波长较短（小于200nm）的远紫外光，不能为普通的紫外-可见分光光度计所检测。所以紫外光谱有较大的局限性，绝大部分饱和化合物在紫外和可见光区不产生吸收信号，但具有共轭双键的化合物或芳香族化合物能产生强吸收，是紫外光谱的主要研究对象。黄连素的分子结构中含有取代的苯环和异喹啉环，所以能用紫外光谱法测定。

【主要仪器和试剂】
(1) 仪器：100mL 圆底烧瓶，回流冷凝管，蒸馏头，1mL 吸量管，布氏漏斗，抽滤瓶。
(2) 试剂：黄连，95%乙醇，浓盐酸，1%乙酸。

【实验步骤】
(1) 称取10g切碎、磨烂的中药黄连，放入100mL圆底烧瓶中，加入50mL乙醇，装上回流冷凝管，加热回流2h，冷却，静置，抽滤。滤液在蒸馏装置中蒸出乙醇（注意回收），直到呈棕红色糖浆状。
(2) 加入30mL 1%醋酸于糖浆状液中。加热使溶解，抽滤以除去不溶物，然后于溶液中滴加浓盐酸，至溶液浑浊为止（约需10mL），放置冷却（最好用冰水冷却），即有黄色针状体的黄连素盐酸盐析出（如晶体不好，可用水重结晶一次），抽滤，结晶用冰水洗涤两次，烘干产品用电子天平称量。纯黄连素为黄色针状晶体。
(3) 产品检测：产品在UV1100型紫外-可见分光光度计中进行紫外及可见吸收光谱的测定。

注意事项

(1) 黄连素的提取回流要充分。

(2) 最好用冰水浴冷却。

(3) 滴加浓盐酸前，不溶物要去除干净，否则影响产品的纯度。

(4) 得到纯净的黄连素晶体比较困难。将黄连素盐酸盐加热至刚好溶解，煮沸，用石灰乳调节 pH＝8.5～9.8，冷却后滤去杂质，滤液继续冷却到室温以下，即有针状体的黄连素析出，抽滤，将结晶在 50～60℃下干燥，熔点 145℃。

(5) 在测定样品的紫外吸收光谱之前，必须对空白样品（即纯溶剂）进行基线校正，以消除溶剂吸收紫外光的影响。用同一种溶剂连续测定若干个样品时，只需做一次基线校正。因为校正数据能自动保存在当前内存中，可供反复使用。

【思考题】

(1) 紫外光谱适合于分析哪些类型的化合物？你合成过的化合物中哪些能用紫外光谱分析，哪些不能用紫外光谱分析，为什么？

(2) 根据紫外光谱的基本原理和黄连素的分子结构，解释黄连素紫外光谱图（图 3-14）中各个吸收带是由哪种电子跃迁产生的什么吸收带，数据如表 3-3 所示。

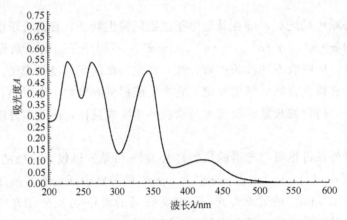

图 3-14　黄连素紫外光谱图

表 3-3　黄连素紫外光谱图数据

波峰位置/nm	228.5	263.5	345	423
吸光度	0.5389	0.5364	0.4958	0.1029

实验 29　无水乙醇及绝对无水乙醇的制备

有机化学实验离不开有机溶剂，溶剂不仅作为反应介质，在产物纯化和后处理中也经常使用。市售的有机溶剂有工业级、化学纯、分析纯等各种规格，纯度越高，价格越贵。在有机合成中，常根据反应的特点和要求，使用不同规格的有机溶剂，以便使反应能够顺利地进行而又符合节约的原则。某些反应（如 Grignard 反应等）对溶剂纯度要求较高，即使微量杂质或水分的存在，也会对反应的速率、产率以及产物的纯度带来一定的影响。

由于有机合成中使用的溶剂量都比较大，若仅靠购买市售的纯品，不仅价格较贵，有时也不一定能满足反应的要求。因此了解有机溶剂的性质和纯化方法是十分重要的。同时，有机溶剂的纯化也是有机合成工作中的一项基本操作。

【实验目的】

（1）掌握回流及蒸馏操作技术。
（2）了解乙醇的纯化原理和方法。
（3）掌握无水操作的基本方法。

【实验原理】

由于乙醇和水形成共沸物，故含量为 95.5% 的工业乙醇尚含有 4.5% 的水。若要得到含量较高的乙醇，在实验室中用加入氧化钙（生石灰）加热回流，使乙醇中的水与氧化钙作用，生成不挥发的氢氧化钙来除去水分。这样制得的无水乙醇（absolute alcohol, anhydrous ethanol），其纯度最高可达 99.5%，能够满足一般实验的使用。

$$CaO + H_2O \longrightarrow Ca(OH)_2$$

如要得到纯度更高的绝对乙醇，可用金属镁或金属钠进行处理：

$$2Na + 2H_2O \longrightarrow 2NaOH + H_2 \uparrow$$

$$C_2H_5OH + Mg \longrightarrow Mg(OC_2H_5)_2 + H_2 \uparrow$$

$$Mg(OC_2H_5)_2 + 2H_2O \longrightarrow 2C_2H_5OH + Mg(OH)_2$$

【主要仪器和试剂】

（1）仪器：100mL 圆底烧瓶，回流冷凝管，干燥管，蒸馏头，温度计（150℃），蒸馏烧瓶。

（2）试剂：95% 乙醇 50mL，生石灰（氧化钙）10g，氯化钙，高锰酸钾，无水硫酸铜，稀盐酸，金属钠 0.25g，99% 的乙醇 25mL，邻苯二甲酸二乙酯 1g，99.5% 乙醇 10mL，镁条或镁屑 0.6g，碘片少许。

【实验步骤】

（1）无水乙醇（含量 99.5%）的制备

① 在 100mL 圆底烧瓶中[1]，放置 50mL 95% 的乙醇和 10g 生石灰[2]，装上回流冷凝管，其上端接一无水 $CaCl_2$ 干燥管。回流加热 2～3h。

② 稍冷后取下冷凝管，改成蒸馏装置。蒸去前馏分后，用干燥的吸滤瓶或蒸馏瓶作接收器，其支管接一无水 $CaCl_2$ 干燥管，使之与大气相通。蒸馏至几乎无液滴流出为止。称量无水乙醇的质量或量其体积，计算回收率。

③ 取一支小试管，里面放一小粒高锰酸钾或少量无水硫酸铜粉末，迅速滴入几滴蒸馏后的无水乙醇，塞住试管口。观察乙醇是否变为紫红色或蓝色，如果没有变化说明含水量低，产品质量符合要求。由于乙醇吸水很快，所以检验时动作要快。高锰酸钾比无水硫酸铜灵敏。

（2）绝对乙醇（含量 99.95%）的制备

① 用金属钠制取：在 100mL 圆底烧瓶中，放置 0.25g 金属钠[3] 和 25mL 纯度至少为 99% 的乙醇，加入几粒沸石。加热回流 30min 后，加入 1g 邻苯二甲酸二乙酯[4]，再回流 10min。取下冷凝管，改成蒸馏装置，按收集无水乙醇的要求进行蒸馏，产品储于带有橡皮塞的容器中。

② 用金属镁制取：在 100mL 圆底烧瓶中，放置 0.6g 干燥的镁条（或镁屑）和 10mL 99.5% 乙醇[5]。在水浴上微热后，移去热源，立即投入几小粒碘片[6]（注意此时不要摇动），不久碘粒周围即发生反应，慢慢扩大，最后可达到相当激烈的程度。当全部镁条反应完毕后，加入 50mL 99.5% 乙醇和几粒沸石，回流加热 1h。取下冷凝管，改成蒸馏装置，按收集无水乙醇的要求进行蒸馏。产品储于带有橡皮塞的容器中。

纯乙醇的沸点为78.5℃，折射率 n_D^{20} 为1.3611。

注释

[1] 本实验中所用仪器均需彻底干燥。由于无水乙醇具有很强的吸水性，故操作过程中和存放时必须防止水分进入。

[2] 一般用干燥剂干燥有机溶剂时，在蒸馏前应先过滤除去。但氧化钙与乙醇中的水反应生成的氢氧化钙，因在加热时不分解，故可留在瓶中一起蒸馏。

[3] 取用金属钠时应使用镊子，先用双层滤纸吸去沾附在金属钠上的溶剂油后，用小刀切去其表面的氧化层，再切成小条。切下来的钠屑应放回原瓶中，切勿与滤纸一起投入废物缸内，并严禁将大量金属钠与水接触，以免引起燃烧爆炸事故。

[4] 加入邻苯二甲酸二乙酯的目的是利用它能与氢氧化钠进行如下反应：

$$\text{邻-C}_6\text{H}_4(\text{COOC}_2\text{H}_5)_2 + \text{NaOH} \longrightarrow \text{邻-C}_6\text{H}_4(\text{COONa})_2 + 2\text{C}_2\text{H}_5\text{OH}$$

因此消除了氢氧化钠，促使乙醇钠再和水的作用，这样制得的乙醇可达到极高的纯度。

[5] 所用乙醇的水分不能超过0.5%，否则反应相当困难。

[6] 碘粒可加速反应进行，如果加碘粒后仍不开始反应，可再加几粒，若反应仍很缓慢，可适当加热促使反应进行。

【思考题】

(1) 制备无水试剂时应注意什么？为什么在加热回流和蒸馏时冷凝管的顶端和接收器支管上要装置 $CaCl_2$ 干燥管？

(2) 用200mL工业乙醇（95%）制备无水乙醇时，理论上需要氧化钙多少克？

(3) 工业上是怎样制备无水乙醇的？

(4) 回流在有机制备中有何优点？为什么在回流装置中要用球形冷凝管？

实验30 阿司匹林的制备

阿司匹林（aspirin）是一种解热镇痛药，化学名为2-(乙酰氧基)苯甲酸（acetylsalicylic acid）。它的化学结构为乙酰水杨酸，可由乙酐或乙酰氯与水杨酸合成制备。本品为白色结晶或结晶性粉末，臭或微带醋酸臭，味微酸，遇湿气即缓缓水解，易溶于乙醇、乙醚或氯仿，微溶于水和无水乙醚，溶解于氢氧化钠溶液或碳酸钠溶液中，熔点135℃。

【实验目的】

(1) 熟悉酚羟基酰化反应的原理，通过乙酰水杨酸制备，初步了解有机合成中乙酰化反应原理及方法。

(2) 掌握重结晶、减压过滤、洗涤、干燥、熔点测定等基本实验操作。

【实验原理】

水杨酸分子中含羟基、羧基，具有双官能团。本实验采用以强酸如硫酸为催化剂，以乙酐为乙酰化试剂，与水杨酸的酚羟基发生酰化作用形成酯。反应如下：

$$\text{邻-HOC}_6\text{H}_4\text{COOH} + (\text{CH}_3\text{CO})_2\text{O} \xrightarrow{\text{H}_2\text{SO}_4} \text{邻-CH}_3\text{COOC}_6\text{H}_4\text{COOH}$$

引入酰基的试剂叫酰化试剂，常用的乙酰化试剂有乙酰氯、乙酐、冰乙酸。本实验选用经济合理而反应较快的乙酐作酰化剂。

在生成乙酰水杨酸的同时，可能发生以下副反应：

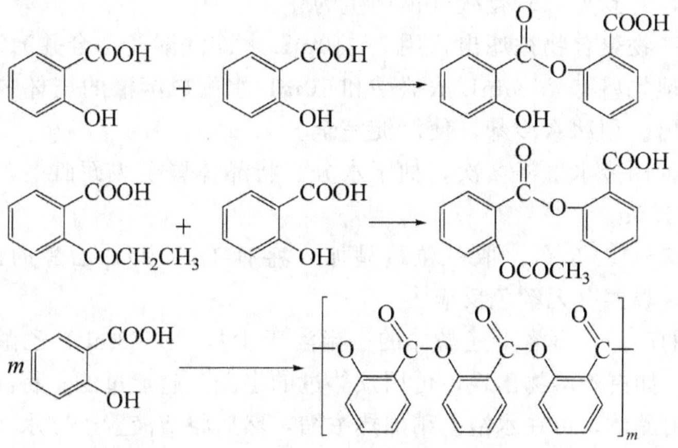

水杨酸分子之间也可以发生缩合反应，生成少量的聚合物。乙酰水杨酸能与碳酸钠反应生成水溶性盐，而副产物聚合物不溶于碳酸钠溶液，利用这种性质上的差异，可把聚合物从乙酰水杨酸中除去。

粗产品中还有杂质水杨酸，这是由于乙酰化反应不完全或由于在分离步骤中发生水解造成的。它可以在各步纯化过程和产物的重结晶过程中除去。与大多数酚类化合物一样，水杨酸可与三氯化铁形成深色络合物，而乙酰水杨酸因酚羟基已被酰化，不与三氯化铁显色，因此，产品中残余的水杨酸很容易被检验出来。

实验药品及物理常数如表 3-4 所示。

表 3-4 实验药品及物理常数

药品名称	分子量	熔点/℃	沸点/℃	相对密度 d_4^{20}	溶解度/(g/100mL H_2O)
水杨酸	138.12	159	211/2.66kPa	1.443	微溶于冷水 易溶于热水
乙酐	102.09	−73	139	1.082	在水中逐渐分解
乙酰水杨酸	180.16	135～138		1.350	微溶于水
乙酸乙酯	88.12	−83.6	77.1	0.9	微溶于水

【主要仪器和试剂】

(1) 仪器：水浴锅，布氏漏斗，抽气瓶，水泵，滤纸，烧杯，温度计 (150℃)，冰浴，熔点测定仪，试管，玻璃棒，台秤，量筒。

(2) 试剂：水杨酸 2mL (0.014mol)，乙酐 5mL (0.05mol)，浓 H_2SO_4 5 滴，95％乙醇，1％ $FeCl_3$，乙酸乙酯 2~3mL。

【实验步骤】

(1) 在 125mL 的锥形瓶中加入 2g 水杨酸、5mL 乙酐[1]，然后加入 5 滴浓硫酸[2]，小心旋转锥形瓶使水杨酸全部溶解后，在水浴中加热 5～10min，控制水浴温度在 85～90℃[3]。

(2) 取出锥形瓶，边摇边滴加 1mL 冷水，然后快速加入 50mL 冷水，立即进入冰浴冷却。若无晶体或出现油状物，可用玻璃棒摩擦内壁[4]（注意必须在冰水浴中进行）。

(3) 待晶体完全析出后用布氏漏斗抽滤，用少量冰水分两次洗涤锥形瓶后[5]，再洗涤晶体，抽干。

（4）将粗产品转移到 150mL 烧杯中，在搅拌下慢慢加入 25mL 饱和碳酸钠溶液，加完后继续搅拌几分钟，直到无二氧化碳气体产生为止。

（5）抽滤，副产物聚合物被滤出，用 5~10mL 水冲洗漏斗，合并滤液。

（6）滤液倒入预先盛有 4~5mL 浓盐酸和 10mL 水配成溶液的烧杯中，搅拌均匀，即有乙酰水杨酸沉淀析出。用冰水冷却，使沉淀完全。

（7）减压过滤，用冷水洗涤 2 次，抽干水分。将晶体置于表面皿上，干燥，得乙酰水杨酸产品。称重，约 1.5g。

（8）测熔点 133~135℃[6]。取一粒结晶加入盛有 1mL 95％乙醇的试管中，加入 1~2 滴 1％ $FeCl_3$ 溶液，观察有无颜色反应[7]。

为了得到更纯的产品，可将上述晶体的一半溶于少量（2~3mL）乙酸乙酯中，溶解时应在水浴上小心加热，如有不溶物出现，可用预热过的小漏斗趁热过滤。将滤液冷至室温，即可析出晶体。如不析出晶体，可在水浴上稍加热浓缩，然后将溶液置于冰水中冷却，并用玻璃棒摩擦瓶壁，结晶后，抽滤析出的晶体，干燥后再测熔点，应为 135~136℃。再取一粒结晶加入盛有 1mL 95％乙醇的试管中，加入 1~2 滴 1％ $FeCl_3$ 溶液，观察有无颜色反应。

注释

[1] 乙酐具有强烈刺激性，要在通风橱内取用，并注意不要沾在皮肤上。乙酐应当是新蒸的，收集 139~140℃ 的馏分。

[2] 要按照书上的顺序加样。否则，如果先加水杨酸和浓硫酸，水杨酸就会被氧化。硫酸可破坏水杨酸分子中羧基与酚羟基形成的分子内氢键，从而使酰化反应顺利进行。

[3] 温度高，反应速率快，但温度不宜过高，否则副反应增多。

[4] 本实验的几次结晶都比较困难，要有耐心。在冰水冷却下，用玻璃棒充分摩擦器皿壁，才能结晶出来。

[5] 由于产品微溶于水，所以水洗时，要用少量冷水洗涤，用水不能太多。

[6] 乙酰水杨酸易受热分解，因此熔点不是很明显，其分解温度为 128~135℃，熔点为 136℃。在测熔点时，可先将热载体加热到 120℃ 左右，然后放入试样测定。

[7] 取少量（约火柴头大小）晶体装入试管中，加 1mL 95％乙醇，溶解后滴入 1~2 滴 1％ $FeCl_3$ 溶液，观察颜色变化。如果颜色出现变化（红色→紫蓝色），说明产品不纯，需再次重结晶。若无颜色变化，说明产品比较纯。

【思考题】

（1）什么是酰化反应？什么是酰化试剂？进行酰化反应的容器是否需要干燥？

（2）前后两次用 $FeCl_3$ 溶液检测，其结果说明什么？

（3）本实验为什么不能在回流下长时间反应？

（4）反应后加水的目的是什么？

（5）第一步结晶的粗产品中可能含有哪些杂质？

实验 31　苯甲酸乙酯的制备

【实验目的】

（1）掌握酯化反应原理及苯甲酸乙酯（ethyl benzoate）的制备方法。

（2）掌握分水器的原理与使用方法。

（3）掌握液体有机化合物的精制方法。

(4) 进一步掌握蒸馏、萃取、干燥和折射率的测定等基本操作。

【实验原理】

$$\text{C}_6\text{H}_5\text{COOH} + \text{C}_2\text{H}_5\text{OH} \underset{}{\overset{\text{H}_2\text{SO}_4}{\rightleftharpoons}} \text{C}_6\text{H}_5\text{COOC}_2\text{H}_5 + \text{H}_2\text{O}$$

酯化反应是可逆的,为了使反应向有利于生成酯的方向移动,通常采用过量的羧酸或醇,或者除去反应中生成的酯或水,或者二者同时采用。提高反应产率常用的方法是除去反应中生成的水,在某些酯化反应中,醇、酯和水之间可以形成二元或三元最低恒沸物;也可以在反应体系中加入能与水、醇形成恒沸物的第三组分,如苯、环己烷、CCl_4 等,以除去反应中不断生成的水。主要试剂及产物的物理常数如表3-5所示。

表3-5 主要试剂及产物的物理常数

试 剂	d_4^{20}	沸点/℃	n_D^{20}
乙醇	0.7893	78.5	1.3611
苯甲酸	1.2659	249	1.5397
环己烷	0.7785	80	1.4262
乙醚	0.7318	34.51	1.3526
苯甲酸乙酯	1.05	211~213	1.5001

【主要仪器和试剂】

(1) 仪器:50mL 圆底烧瓶,冷凝管,温度计(100℃),加热套,200mL 烧杯,分水器,分液漏斗。

(2) 试剂:苯甲酸 4g(0.033mol),无水乙醇 10mL(0.17mol),浓硫酸 1.5mL,Na_2CO_3,无水 $CaCl_2$,苯 80mL,乙醚 10mL。

【实验步骤】

(1) 在 50mL 圆底烧瓶中放入 4g 苯甲酸、10mL 无水乙醇、15mL 苯和 2mL 浓硫酸[1],摇匀后加入沸石,再装上分水器,事先从分水器上端小心加水至分水器支管处,然后再放去 6mL 水,分水器上端装上回流冷凝管[2]。

(2) 将烧瓶放在水浴中加热回流,开始时回流速度不宜过快[3]。随着回流的进行,分水器中出现了上、中、下三层液体,且中层越来越多。约 1.5~2h 后,分水器中的中层液体已达 5~6mL[4],即可停止加热,放出里面液体。继续用水浴加热,使多余的乙醇和苯蒸至水分离器中[5],充满时可由活塞放出。

(3) 将烧瓶中的残留液倒入盛有 30mL 冷水的烧杯中,用数毫升乙醇洗涤烧瓶,并与烧杯中的水溶液合并。在此溶液中,分批加入碳酸钠粉末并不断搅拌[6],直至二氧化碳不再逸出,溶液 pH=7 为止,约需 4g 碳酸钠。

(4) 将溶液转移至分液漏斗中,分出粗产物后用 15mL 乙醚提取水层,合并粗产物和醚萃取液,用无水氯化钙干燥[7]。先蒸去乙醚,再加热,收集 210~213℃ 的馏分。

纯苯甲酸乙酯的沸点为 213℃,折射率 1.5001,理论量 4.95g,实际量 3~4g。本实验约需 5~6h。

注释

[1] 加浓硫酸之前先将其他反应物加入,再慢慢滴加,且边加边摇,以免局部浓硫酸过浓,而使反应物炭化。

[2] 安装冷凝管时,应将其管端斜口正对分水器的侧管,这样可使滴下的液体距分水器的侧口最远,

[3] 刚开始回流时回流速度应慢些，使酸和醇先生成酯。回流时，温度不要太高，否则反应瓶中颜色很深，甚至炭化。回流时间的长短可根据中层体积是否达到5~6mL而定，或当水分离器中的上层变得十分澄清，不再有小水珠落入下层时，可以结束反应。

[4] 随着反应的进行，在分水器中会形成三层液体：下层为分水器中原有的水；中层为共沸物的下层，占共沸物总量的16%（含苯4.8%，乙醇52.1%，水43.1%）；上层为共沸物的上层，占共沸物总量的84%（含苯86%，乙醇12.7%，水1.3%）。应控制液面位置使得最上层液体始终为薄薄的一层。

[5] 回流结束后，蒸出苯及多余的乙醇，控制蒸出的总量为2.8mL左右时，即可停止加热，不要蒸馏得太久，否则很容易炭化。

[6] 加碳酸钠粉末时，要分批，边加边搅拌。中和必须彻底，pH＝7。否则在蒸馏产物时，前馏分的量明显增加。加入碳酸钠的目的：除去苯甲酸和剩余的硫酸。注意：要研细后慢慢分批加入，否则会产生大量气泡而使液体溢出。无气泡后再用pH试纸测酸碱性。

[7] 加入无水$CaCl_2$的目的：除水和醇。

【思考题】
(1) 本实验应用什么原理和措施来提高该平衡反应的产率？
(2) 通过计算解释实验开始时分水器放去5~6mL水的由来。
(3) 本实验采用了什么原理和措施来提高酯化反应的产率？
(4) 为什么采用分水器除水？
(5) 何种原料过量，为什么？为什么要加苯？为什么要用苯来除去反应体系中的水？
(6) 浓硫酸的作用是什么？常用酯化反应的催化剂有哪些？
(7) 在萃取和分液时，两相之间有时出现絮状物或乳浊液，难以分层，如何解决？

实验32 邻苯二甲酸二正丁酯的制备

【实验目的】
(1) 学习邻苯二甲酸二正丁酯的制备原理和方法。
(2) 学习回流、减压蒸馏操作。
(3) 掌握分水器的装置和操作。

【实验原理】

主反应[1]

邻苯二甲酸酐 + C_4H_9OH ⟶ 邻-$COOC_4H_9$/COOH

邻-$COOC_4H_9$/COOH + C_4H_9OH $\xrightleftharpoons{H^+}$ 邻-$COOC_4H_9$/$COOC_4H_9$ + H_2O

副反应

邻-$COOC_4H_9$/$COOC_4H_9$ $\xrightarrow[>180℃]{H^+}$ 邻苯二甲酸酐 + $2C_4H_8$ + H_2O

【主要仪器和试剂】
(1) 仪器：加热套，减压蒸馏装置，分水器。
(2) 试剂：邻苯二甲酸酐，正丁醇，浓硫酸（相对密度1.84），5%碳酸钠溶液，饱和食盐水，无水硫酸镁。

【实验步骤】

在100mL三口烧瓶中，放入14.8g邻苯二甲酸酐、25mL正丁醇[2]、4滴浓硫酸及几粒沸石，摇动使充分混合。在一个侧口配置一温度计，其水银球必须伸至液面下；中间瓶口（或侧口）装分水器，内盛2.4mL正丁醇，分水器上端装一回流冷凝管。见图3-15。

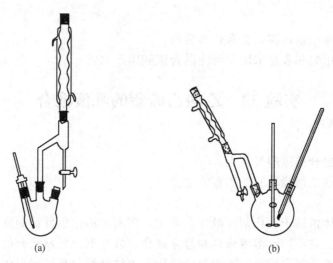

图3-15 邻苯二甲酸二正丁酯的制备装置

小火加热，间歇摇动烧瓶，约10min后，邻苯二甲酸酐固体全部消失，形成邻苯二甲酸单丁酯。

稍加大火焰，使反应混合物沸腾。很快就观察到从冷凝管滴入分水器的冷凝液中有小水珠下沉[3]。随着酯化反应的进行，分出的水层逐渐增多，上层的丁醇不断流回到反应瓶中去参与反应，同时反应混合物的温度也逐渐上升。待分水器中的水层不再增加时，可从分水器中逐渐放出正丁醇（用容器接收，倒入指定的回收瓶中）。当反应混合物的温度上升到160℃时[4]，停止加热。整个反应约需3h。

当反应液温度降至70℃以下时，将其转移到分液漏斗中，用等体积饱和食盐水洗涤两次，再用少量5%碳酸钠溶液中和有机层至溶液成中性。将分离出的油状粗产物转移到干燥的小锥形瓶中，用少量无水硫酸镁进行干燥。

安装减压蒸馏装置（见图3-12），将粗产物进行减压蒸馏，收集180～190℃/1333.2Pa（10mmHg）的馏分[5]，或收集200～210℃/2666.4Pa（20mmHg）的馏分。

注释

[1] 邻苯二甲酸酐与正丁醇反应生成邻苯二甲酸二正丁酯的反应是分两步进行的。第一步生成邻苯二甲酸单丁酯，这步反应进行得较迅速和完全。而第二步是由单丁酯和正丁醇在无机酸催化下生成邻苯二甲酸二正丁酯和水，需要较高的温度和较长的反应时间。

[2] 酯化反应是一个平衡反应，为使平衡向生成酯的方向移动，本实验采用过量的正丁醇。也可以用如下的方法来进行本实验，即用0.05mol邻苯二甲酸酐和0.1mol正丁醇，另加10mL苯。这样可以利用苯和水形成二元恒沸混合物（沸点69.4℃，含苯91.1%）的方法将生成的水不断除去。

[3] 正丁醇和水形成二元恒沸混合物（沸点93℃，含正丁醇55.5%）。恒沸混合物冷凝时分成两个液相，上层为含20.1%水的醇层，下层为含7.7%醇的水层。为了使水有效地分离出来，可在分水器上部绕几圈橡皮管并通水冷却。

[4] 在无机酸存在下，邻苯二甲酸二正丁酯温度高于180℃易发生分解反应。

[5] 邻苯二甲酸二正丁酯可在不同残压力下蒸馏,其沸点与压力的关系见表 3-6。

表 3-6 沸点与压力的关系

压力/Pa (压力/mmHg)	2666 (20)	1333 (10)	666.5 (5)	266.6 (2)
沸程/℃	200～210	180～190	175～180	165～170

【思考题】
(1) 如果浓硫酸用量过多,会有什么后果?
(2) 为什么要用饱和食盐水洗涤反应混合液和粗产物?

实验 33　乙酸乙烯酯的乳液聚合

【实验目的】
(1) 了解乳液聚合的原理及特点。
(2) 熟悉聚乙酸乙烯酯乳胶的制备方法。

【实验原理】
乳液聚合是单体借助于乳化剂分散在介质中,随着水溶性引发剂的加入,在搅拌下进行的非均相聚合反应。它不同于溶液聚合和悬浮聚合,乳化剂是乳液聚合的重要组分。乳液聚合的引发、增长、终止都在胶束和乳胶粒中进行,单体液滴只是贮藏单体的仓库。反应速率主要取决于粒子数。乳液聚合具有聚合速率快、产品分子量高的特点。

乙酸乙烯酯的乳液聚合机理是采用过硫酸盐为引发剂。为使反应平稳进行,单体和引发剂均需分批次加入。本实验采用的乳化剂是十二烷基苯磺酸钠。

【主要仪器和试剂】
(1) 仪器:100mL 三口烧瓶,搅拌器,加热套,温度计,球形冷凝管。
(2) 试剂:聚乙烯醇,乙酸乙烯酯,十二烷基苯磺酸钠,过硫酸钾,5%碳酸氢钠溶液。

【实验步骤】
1. 反应液的制备

聚乙烯醇的溶解:在 100mL 三口烧瓶中安装搅拌器、温度计(150℃)和球形冷凝管,再依次加入 20～30mL[1]去离子水和 0.5g 十二烷基苯磺酸钠,开动搅拌装置并逐渐加入 1.5g 聚乙烯醇,然后加热升温到 80～90℃下保温 1.5～2h,直到聚乙烯醇全部溶解,冷却至 50℃备用。

过硫酸钾水溶液的配制:将 0.1g 过硫酸钾溶在 4mL 去离子水中制成溶液,备用。

2. 聚合

将新蒸馏过的乙酸乙烯酯 6mL 和过硫酸钾溶液 2mL 依次加到上述三口烧瓶中,在搅拌作用下同时升温,待温度升到 71℃时(在 65～75℃之间均可),保温回流,当回流基本消失,三口烧瓶中的液体变白时,分四次在 1.5～2h 内将 17mL 乙酸乙烯酯缓慢加入三口烧瓶中,同时按比例滴加余下的 2mL 过硫酸钾水溶液[2],加料完毕后升温到 90～95℃至无回流为止[3],冷却至 50℃,用 5%的碳酸氢钠溶液调整 pH 值至 5～6[4]。

注释

[1] 聚乙烯醇溶解较慢,为防止水分损失,一般加水量为 30mL,必须完全溶解且保持原来体积,若聚乙烯醇中有杂质,可用粗孔铜网过滤溶液。

[2] 滴加单体的速度要均匀,防止加料太快发生爆聚和冲料等事故,过硫酸钾水溶液数量少,要注

意量一定要准确,滴加一定要均匀、按比例与单体同时加完。

[3] 聚合搅拌速度要适中,升温速度不能过快。

[4] 用碳酸氢钠调节前,先检查乳液的 pH 值,不可将产品的 pH 值调成微碱性,否则产品不稳定,经短时间放置后呈絮凝状。

【思考题】

(1) 乳化剂加入量的多少对聚合反应及产物分子量有何影响?

(2) 聚乙烯醇在反应中起什么作用?为什么要与乳化剂混合使用?为什么反应结束后要用碳酸氢钠调整 pH 值到 5~6。

实验 34 对甲基乙酰苯胺的制备

氨基的乙酰化是有机化学中进行氨基保护的最常用的反应,考虑酰氯的易水解特性,实际操作中一般使用醋酸酐作为酰化试剂。由于多数毒品属于生物碱的乙酰化产物,控制醋酸酐能够极大地增加毒品制备的难度,因此醋酸酐被列入易制毒管制品,需要登记购买。由于乙酸沸点高于水,在加热蒸馏时能够将水带出从而促使脱水反应的发生,再加上乙酸价格低廉,采用乙酸加热脱水代替醋酸酐进行氨基的乙酰化反应成为工业上进行乙酰化反应的主要合成路线。

乙酸与对甲苯胺的乙酰化反应需要将反应产生的水移除才能提高反应产率,但水与乙酸沸点相差不大,且存在大量分子间氢键,普通蒸馏无法将其分离,需要使用分馏的方法。即使采用分馏,在理论塔板数不足的情况下也无法做到仅移除水分的精确分馏,所以本实验的乙酸用量远大于对甲苯胺,利用蒸馏乙酸同时移除水分的方法实现体系的脱水,当体系中的乙酸含量降低到极低,难以蒸出时即为反应终点,判断时需要注意分馏柱的温度计示数以及反应瓶中的现象。

【实验目的】

(1) 学习醋酸法制备对甲基乙酰苯胺的原理和方法。

(2) 学习分馏柱的使用和分馏的原理,掌握其操作。

(3) 学习和巩固薄层色谱监控的方法和固体提纯的方法:重结晶。

【实验原理】

$$H_2N-C_6H_4-CH_3 \xrightarrow[\text{加热脱水}]{CH_3COOH} CH_3-C(O)-NH-C_6H_4-CH_3$$

【主要仪器和试剂】

(1) 仪器:100mL 圆底烧瓶,500mL 烧杯,量筒,温度计,韦氏分馏柱,电热套,抽滤瓶,布氏漏斗,安全瓶等。

(2) 试剂:对甲基苯胺,冰醋酸,锌粉,二氯甲烷,石油醚(60~90℃),活性炭等。

【实验步骤】

在 100mL 圆底烧瓶中加入 10.7g 对甲基苯胺(0.1mol)、15mL 冰醋酸(0.25mol)和 0.2g 锌粉[1]。在圆底烧瓶上安装分馏柱,柱顶装配温度计,安装分馏装置。将圆底烧瓶置于电热套中加热,保持分馏柱顶温度为 100~110℃约 1h,将液体缓慢蒸出,至温度计读数上下波动或下降超过两度或反应瓶中出现白雾为止,停止加热[2]。在搅拌下趁热将反应物倒入装有 150mL 冷水的烧杯中,搅拌压碎所得固体,冷却结晶,抽滤。用 5~10mL 冷水洗涤晶体除去残留的酸液,抽干,即得粗产品对甲基乙酰苯胺。取少量粗产品(约小米粒大小)置于小烧杯中,二氯甲烷溶解后与原料对甲基苯胺在同一薄层色谱板上展开(二氯甲烷：石油醚=2：1），在紫外灯下观察是否有未反应的原料及含量[3]。

将粗产品对甲基乙酰苯胺放入盛有 300mL 热水的烧杯中，加热煮沸，适当补加水直至熔化后的油状物完全溶解[4]。停止加热，冷却结晶，抽滤，用少量水洗涤 2 次，抽干得精制的对甲基乙酰苯胺[5]。一般得产品 8~10g，产率 50%~70%。

本实验约需 4~5h。

注释

[1] 加入锌粉的目的是防止加热过程中对甲苯胺的氧化，不加锌粉有时所得产物颜色偏深。

[2] 乙酸蒸馏到结束时仅少量馏分被蒸出，因此柱顶温度会下降，这是蒸馏或分馏结束的标志。反复波动是因为馏分蒸出和冷凝落下导致的柱顶温度不稳定造成的，乙酸含量少时，反应瓶中温度超过乙酸沸点，冷凝落下的乙酸会暴沸，能观察到伴随滴落的液体出现阵阵白雾的现象。

[3] 取决于二氯甲烷的含水量，展开剂的比例可以自行调整和改变，能将二者明显分开即可。薄层色谱板一般选用 GF_{254} 型号，可以在 254nm 的紫外灯下观察到原料和产物的展开斑点。

[4] 煮沸中要不断搅拌，间隔几分钟液滴没有明显变小再补加水，防止加水过多造成产率下降，若颜色过深可用活性炭脱色，注意加活性炭前要先冷却。

[5] 注意抽滤洗涤的操作，抽滤前尽量把块状物压碎，防止包结杂质。

【思考题】

(1) 对甲苯胺用冰醋酸酰化时加入锌粉的目的何在？

(2) 如何判断酰化反应达到终点？

(3) 如产品不纯，可否用乙醇-水重结晶？

实验 35　对氨基苯甲酸的制备

高锰酸的钾盐不易潮解，固态下性质较为稳定，是有机化学中最常用最经典的强氧化剂之一，可以与不饱和烃、苯环侧链以及含氧基团、含氮基团等富电子体系反应而褪色，不仅能用于鉴别化合物的存在，也大量用于实验室内制备羧酸的氧化反应中。酸性介质中，锰由 +7 价被还原为 +2 价，氧化能力强，但选择性差，且二价锰盐难以回收，后处理困难，工业上较少使用。在中性或碱性介质中，锰由 +7 价被还原为 +4 价，相对于酸性介质，氧化能力有所下降，但有两个明显的优点：底物被氧化为羧酸的钾盐，溶解于水，促进反应的发生；另一方面，产物为固体的 MnO_2，反应完成后易于分离且本身具有较高经济价值，因此，高锰酸钾的使用一般采用在中性或者碱性介质中进行。

高锰酸钾氧化时，需要注意几个方面的问题：一是高锰酸钾在水中容易发生歧化反应而失效，因此高锰酸钾使用时一般采用固体加入的方式，或者现配现用；二是通常采取加热条件，促进高锰酸钾与底物的反应；三是分批加入，待上一批的紫红色消失后再加入下一批，防止高锰酸钾自身的分解。由于高锰酸钾氧化时产生氢氧根，为防止碱性过强，通常加入硫酸镁以抑制碱性，防止副反应的过度发生。由于高锰酸钾氧化法价格昂贵，三废突出，工业上都采用催化氧化等方法代替高锰酸钾。

高锰酸钾氧化法制备取代的苯甲酸是典型的应用，本实验通过将对甲基乙酰苯胺的甲基氧化为羧酸，制备对乙酰氨基苯甲酸，之后在盐酸中加热水解脱除乙酰基团最终获得对氨基苯甲酸。本实验可以使用实验 34 中获得的产物作为原料，如产物的量与本实验中的用量不一致，可按比例增减相应试剂的用量。

【实验目的】

(1) 学习高锰酸钾氧化法制备对氨基苯甲酸的原理和方法。

(2) 理解乙酰化对氨基的保护作用。
(3) 巩固抽滤和重结晶等固体提纯实验操作。

【实验原理】

$$\underset{O}{\overset{HN}{\diagup}}\!\!-\!\!\!\bigcirc\!\!-\!\!CH_3 \xrightarrow[\text{酸性加热}]{KMnO_4} \underset{O}{\overset{HN}{\diagup}}\!\!-\!\!\!\bigcirc\!\!-\!\!COOH \xrightarrow[\text{2) }NH_3\text{-}H_2O]{\text{1) }HCl} H_2N\!-\!\!\bigcirc\!\!-\!\!COOH$$

【主要仪器和试剂】

(1) 仪器：250mL 三口烧瓶，250mL 烧杯，量筒，温度计，抽滤瓶，布氏漏斗，安全瓶，磁力搅拌水浴锅，电热套，回流冷凝管，直形冷凝管，蒸馏头，尾接管，温度计套管，分液漏斗等。

(2) 试剂：对甲基乙酰苯胺，结晶硫酸镁，高锰酸钾，浓硫酸，浓盐酸，氨水，醋酸等。

【实验步骤】

21g 高锰酸钾中加入 80mL 水，加热使其溶解[1]。500mL 烧杯中加入 9g 对甲基乙酰苯胺 (0.06mol)、20g 结晶硫酸镁和 250mL 水，将混合物加热到约 85℃[2]。维持此温度，充分搅拌下将热的高锰酸钾溶液用滴管加入混合物中，高锰酸钾加入后，搅拌至紫色消失后再加入下一滴管，30~40min 内加完。加完后继续在 85℃下搅拌 15min，至无紫色为止，如仍有紫色，则加入少量草酸或乙醇使液体变为无色[3]。趁热抽滤，热水洗涤二氧化锰一次，洗涤液与滤液合并[4]。滤液中加 20% 硫酸直至溶液显酸性，搅拌冷却，抽滤，水洗两次，抽滤至无液体滴下[5]。

在 250mL 三口烧瓶中加入上述湿产品，称量净重后按每克湿产物加 5mL 18% 盐酸的比例加入盐酸，加热回流 30min，加入 30mL 水，冷却后使用 10% 氨水中和至石蕊试纸恰好变蓝[6]。按照每 30mL 最终溶液加 1mL 冰醋酸的量加入冰醋酸，充分振荡后置于冰水浴中冷却引发结晶，待结晶完全，抽滤，水洗，干燥得对氨基苯甲酸的白色晶体，一般得 3~4g。

本实验约需 4~5h，必要时可在得到乙酰氨基苯甲酸的产品后暂停，第二阶段单独安排实验。

注释

[1] 不要长时间加热，高锰酸钾存在歧化的可能。

[2] 加入硫酸镁的目的是与高锰酸钾氧化过程中产生的氢氧根结合，减少过强的碱性，防止产物分解。

[3] 氧化实验中都要将氧化剂分批加入，防止氧化剂失效和副反应发生，尤其是反应开始阶段，必须等紫色消失后方可加入下一批高锰酸钾。实验中可以静置等待固体沉淀后观察液体颜色，也可以用玻璃棒蘸取液体后点在吸水纸上，观察纸上晕开的液体是否有紫色，如液体有紫色，在中和时会有少量高锰酸钾发生歧化反应，产生二氧化锰混入产物，导致产物纯度下降。

[4] 由于二氧化锰颗粒细小，抽滤耗时较多，应准备快速滤纸。如不要求高产率，可以采取倾倒法，静置后倾倒上层清液，再次加入热水重复静置-倾倒的过程，减少二氧化锰对布氏漏斗的堵塞程度，减少时间消耗。

[5] 注意固体的洗涤操作，抽滤前要充分冷却并搅拌，防止中心热，边缘凉。

[6] 氨水的加入是本步骤实验成败的关键，加入过多或过少均会导致产率下降明显。氨水挥发性较强，中和时可以采用加入恒压滴液漏斗后滴加的方式，同时实验室应加大通风，减少氨气挥发造成的伤害。

【思考题】

(1) 氧化实验中的两步抽滤各自取哪一部分进行下一步骤？

(2) 氨水使用过程中有较大的刺激味道，能否用氢氧化钠代替氨水进行中和？

(3) 脱乙酰化的实验为何要在最后加入醋酸？能否使用盐酸代替？

实验36　对氨基苯甲酸乙酯的制备

对氨基苯甲酸乙酯又名苯佐卡因，是一种脂溶性麻醉剂，用于局部麻醉，也用于镇痛止痒等方面。该化合物利用浓硫酸催化下的酯化反应制备，但由于氨基的存在导致硫酸会首先与氨基成盐，因此该化合物的合成与一般的酯化反应不同，使用硫酸量较大，远远超过理论上的需要量。

酯化反应中催化量浓硫酸的作用在于提供氢离子，提高有机酸的羰基碳原子活性，促进醇上羟基氧原子对羰基碳的亲核进攻。为提高产率，水的移除是必要的，因此浓硫酸适当过量并通过蒸馏减少体系中的水都是常用的措施。对于活性不高的酯化反应，有时采用分水器，加入苯或者甲苯等带水剂，利用共沸蒸馏将水带出反应体系。此时，带出水的量可以起到监控反应进程的作用，当水的量达到理论量时，反应就可以停止。工业上酯的合成采取类似的方式，但考虑对设备的腐蚀和分离上的问题，往往采用负载型酸性催化剂代替硫酸等液体无机酸，便于连续生产和回收催化剂。

本实验可以使用对氨基苯甲酸的制备实验的产物为原料，如产物量与本方案不一致，可按比例增减相应试剂的用量。

【实验目的】
(1) 学习利用浓硫酸催化法制备对氨基苯甲酸乙酯的原理和方法。
(2) 学习和巩固萃取的实验操作。

【实验原理】

$$H_2N-C_6H_4-COOH \xrightarrow[\text{浓硫酸加热}]{CH_3CH_2OH} H_3N^+-C_6H_4-COOCH_2CH_3 \cdot HSO_4^- \xrightarrow{Na_2CO_3} H_2N-C_6H_4-COOCH_2CH_3$$

【主要仪器和试剂】
(1) 仪器：100mL 单口烧瓶，250mL 烧杯，量筒，温度计，回流冷凝管，电热套，直形冷凝管，蒸馏头，尾接管，温度计套管，分液漏斗等。
(2) 试剂：对氨基苯甲酸，无水乙醇，浓硫酸，二氯甲烷，碳酸钠等。

【实验步骤】

在100mL圆底烧瓶中加入2g对氨基苯甲酸和30mL无水乙醇，振荡使固体溶解。在冰水冷却下，加入2mL浓硫酸，振荡使生成的沉淀分散，加热回流1.5h[1]。将反应物转入250mL烧杯中，搅拌下加入5%的碳酸钠水溶液，直至无气体产生。继续加入10%碳酸钠至pH值到9左右[2]。

将溶液及可能含有的浑浊物转入分液漏斗，使用二氯甲烷萃取三次（每次用20mL）[3]，合并有机层后转入圆底烧瓶，安装蒸馏装置，水浴加热回收二氯甲烷，至温度计示数有下降趋势且馏出液明显减少为止[4]。残余物中加入10mL冰水，搅拌抽滤，得对氨基苯甲酸乙酯的白色到浅黄色固体，约1~1.5g，必要时采用乙醇-水重结晶，得白色晶体。

注释

[1] 硫酸的用量较大，加入硫酸后首先是酸碱成盐的反应，得到的白色沉淀是对氨基苯甲酸的硫酸盐，在随后的加热过程中会溶解。

[2] 开始加碳酸钠溶液时要搅拌且缓慢，防止产生的气泡溢出。由于硫酸钠溶解度较小，如直接加高浓度碳酸钠溶液会导致硫酸钠的析出。如有大量固体析出，可抽滤后用二氯甲烷溶解提取有机物，也可补加水使其溶解。

[3] 使用乙醚效果更佳，但乙醚为易制毒管制品，本实验中以二氯甲烷代替，须注意二者密度的差异导致有机层和水层的上下关系颠倒。实验中通过滴入几滴水的方式，可以区分水层和有机层，滴入后无变化的则上层为水层，滴入后上层有液滴落下的则上层为有机层。

[4] 萃取时过量的乙醇也会被萃取进入有机层，且后续蒸馏后需加水，因此本步骤并不需要进行干燥。

【思考题】

(1) 酯化反应结束时，能否直接加水后进行二氯甲烷萃取？

(2) 最后中和硫酸的过程中能否直接加碳酸钠固体？能否使用氢氧化钠代替碳酸钠？为什么？

实验 37　环己酮的制备

氧化反应是有机化学中经常使用的反应，常用的氧化剂为高价态的氯、锰、铬等化合物以及双氧水和氧气等，其中典型的代表就是次氯酸钠、高锰酸钾、重铬酸钠或三氧化铬。相对于高锰酸钾等强氧化剂，氧化能力适度的氧化剂更有价值，比如将醇氧化为酮的氧化过程中，为避免酮的进一步氧化，只能选用氧化能力适度的氧化剂，比如铬酸或次氯酸等。

铬酸是最为常见的将伯、仲醇氧化成醛、酮的试剂，由于铬酸不稳定，不能长时间储存，一般都是将重铬酸盐溶解于40%～50%硫酸，现场配制后使用。考虑溶解性和价格问题，多采用重铬酸钠而不采用重铬酸钾。由于环己酮为液体无法重结晶，且在普通蒸馏时无法与未反应的少量环己醇彻底分离，因此可以通过水蒸气蒸馏加以分离。本实验采用加入水蒸馏的简易水蒸气蒸馏方式，通过水的蒸出将与水无氢键作用或氢键作用较弱的物质带入馏出液，实现产物与原料的初步分离，为下一步的精馏提供了保障。

【实验目的】

(1) 学习铬酸氧化法制备环己酮的原理和方法。

(2) 通过醇转变为酮的实验，进一步了解醇和酮的联系和区别。

(3) 学习简易水蒸气蒸馏的原理，并掌握其装置及操作技术。

【实验原理】

$$\text{C}_6\text{H}_{11}\text{OH} \xrightarrow[\text{H}_2\text{SO}_4]{\text{Na}_2\text{Cr}_2\text{O}_7} \text{C}_6\text{H}_{10}\text{O}$$

【主要仪器和试剂】

(1) 仪器：250mL 三口烧瓶，恒压滴液漏斗，250mL 烧杯，量筒，温度计，空气冷凝管，磁力搅拌水浴锅，电热套，直形冷凝管，球形冷凝管，蒸馏头，尾接管，温度计套管，分液漏斗等。

(2) 试剂：环己醇，重铬酸钠，浓硫酸，精盐，无水硫酸镁等。

【实验步骤】

在 250mL 烧杯中加入 21g 重铬酸钠和 120mL 水，搅拌下将 18mL 浓硫酸加入烧杯中，切勿加反顺序[1]，冷却到室温。

250mL 三口烧瓶中加入 21mL 环己醇，配温度计冷凝管和恒压滴液漏斗，注意温度计水银球浸没于液面下（见图 3-16）。置于加有水的磁力搅拌水浴锅中，开启搅拌，通过恒压滴液漏斗将配好的重铬酸钠溶液滴入，搅拌速度要确保滴入的橙红色溶液变为墨绿色且不飞溅[2]。注意保持温度低于 55℃，必要时向磁力搅拌水浴锅中加入冰块[3]。滴加完毕，继续搅拌 20min，直至温度开始明显下降为止。此时溶液如仍有橙红色，则加入 1～2mL 乙醇，搅拌直至使其变为墨绿色[4]。

反应装置撤去恒压滴液漏斗及温度计，加入120mL水及两粒沸石，转入电热套，改为蒸馏装置（另外两口用玻璃塞塞紧）加热（见图3-17），蒸馏至馏出液无油状物后停止加热[5]。馏出液中加入16g精盐饱和，分出有机层[6]，无水硫酸镁干燥10min后过滤转移到50mL圆底烧瓶中，以空气冷凝管代替直形冷凝管的蒸馏装置蒸馏，收集150~155℃的馏分，12~14g，产率60%~70%。

本实验需3~4h。

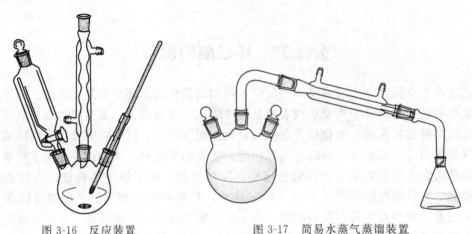

图3-16 反应装置　　　　图3-17 简易水蒸气蒸馏装置

注释

[1] 混合的一般原则是密度高的液体加入密度低的液体中，加反顺序会导致热量无法顺利释放而发生沸腾。对于硫酸等稀释时放热剧烈的试剂，尤其要注意搅拌和混合的顺序。

[2] 此处也可不用恒压滴液漏斗，直接用胶头滴管滴加；可分批将重铬酸钠-硫酸溶液加入恒压滴液漏斗中，注意整个装置不能全部塞紧，需要与大气相通，防止加热膨胀。

[3] 氧化是放热反应，过高的温度会使环己酮被氧化开环得到己二酸，控制温度不高于60℃会减少过度氧化等副反应，考虑传热滞后的问题，温度计示数达到55℃时就需要外部降温，以确保消除过度氧化的问题。

[4] 此处也可以用0.2~0.5g草酸代替，如果铬酸过量，在后续加热过程中会氧化环己酮成己二酸，造成产率下降。为确保高产率，通常的氧化过程都是氧化过程中加入过量氧化剂，确保反应物（底物）完全反应，而后除去过量氧化剂防止进一步氧化，例如高锰酸钾或次氯酸的氧化均有此步骤。

[5] 此为简易水蒸气蒸馏，不使用蒸汽发生装置，直接加水蒸，可以简化装置、节约时间，达到水蒸气蒸馏的效果。

[6] 如时间充裕，可用萃取的方式训练萃取操作，并进一步提高产率，如加入二氯甲烷萃取分液后的水层。随后的操作是将萃取液与有机层合并，干燥后缓慢蒸馏，收集50℃前的馏分（回收二氯甲烷）后，换空气冷凝管代替直形冷凝管，再加热收集所需馏分，时间约增加30min。

【思考题】

(1) 本实验能否使用高锰酸钾代替铬酸进行氧化制备？

(2) 本次实验为何要采用两次蒸馏，两次蒸馏的冷凝管为何选择不同的类型？

(3) 用水蒸气蒸馏时，蒸出什么？留下什么？如果不用水蒸气蒸馏，还能有什么方法进行本次实验所得液体的分离操作？

实验38　环己酮肟的制备

缩合反应是两个有机分子反应后得到一个大的有机分子和一个水分子或其他小分子的反

应，是醛、酮等有机化合物经常发生的反应。醛、酮类化合物与胺类的缩合脱水反应可以得到溶解度较小的亚胺（Schiff 碱）化合物，形成特定的沉淀，能用来鉴别醛、酮的存在，其中，2,4-二硝基苯肼、羟胺、氨基脲等化合物最为常用。

除了鉴定醛、酮的存在，羟胺形成的肟类化合物可以发生 Beckmann 重排，从而使酮类化合物转变为酰胺，这使得人们可以借助肟类化合物获得很多难以采用常规方法获得的酰胺（如内酰胺等）化合物。由于羟胺易分解，其与盐酸形成的盐为白色晶体，易于储存和运输，在使用中通过加入弱碱（如醋酸钠、碳酸钠等）的方式游离出羟胺参与反应，提高了操作的安全性和称量取用过程的简便性。

工业上合成环己酮肟则通过环己烷一步氨氧化法或者采用环己酮氨氧化法制备，利用氨气和反应后氧气氧化，通过钛硅或铝硅氧化物分子筛作为氧化催化剂进行反应。技术的关键点在于催化剂的优化筛选和再生技术。

本实验可以使用环己酮的制备实验的产物为原料，如产物量与本方案不一致，可按比例增减相应试剂的用量。

【实验目的】
(1) 学习醛酮与羟胺成肟的原理和方法。
(2) 学习和巩固固液分离的实验操作。

【实验原理】

环己酮 + NH_2OH → 环己酮肟 (=N-OH)

【主要仪器和试剂】
(1) 仪器：250mL 磨口锥形瓶，250mL 烧杯，空心玻璃塞或聚四氟乙烯塞，恒压滴液漏斗，量筒，磁力搅拌水浴锅，抽滤瓶，布氏漏斗，安全瓶等。
(2) 试剂：环己酮，盐酸羟胺，醋酸钠等。

【实验步骤】

在 250mL 磨口锥形瓶中，将 9.7g 盐酸羟胺及 14g 结晶醋酸钠溶解在 60mL 水中，水浴温热此溶液，使达到 35~40℃[1]。每次 2mL 分批加入 10.5mL 环己酮（10g），加完后加塞振摇，此时即有固体析出[2]。全部加完后，用空心塞塞住瓶口，激烈摇动 20~30min，直至体系黏稠，环己酮肟呈白色粉末状结晶析出，无球状颗粒[3]。

冷却后，将混合物抽滤，固体用少量水洗涤[4]。抽滤下用空心玻璃塞将固体压紧，至无液滴滴下为止。用红外灯干燥[5]，得到产品为白色晶体（约 11g），熔点为 89~90℃。

本实验需 1~2h。

注释

[1] 加热能促进反应的发生，但温度过高会导致羟胺挥发，因此以 35~40℃ 为佳。

[2] 环己酮具有挥发性，且反应生成的固体可能包裹未反应的原料，因此不能将环己酮一次性加入，需分批加入。每次加完后要充分振荡约 5min，使其反应。为避免环己酮挥发，可将环己酮加入带刻度的恒压滴液漏斗中，分批加入，也可将称量好的环己酮置于带塞子的锥形瓶中。每次加入一滴管，振荡约 1min 后加入下一滴管，直至加完。

[3] 如果白色的固体呈小球状或聚集态，则需继续振摇，直至固体呈松散蓬松状。本次实验也可采用磁力搅拌器加磁子的方式进行，但不易观察到环己酮肟固体的外形变化。

[4] 洗涤的目的是除去残余的过量醋酸钠及羟胺，洗涤时关闭真空泵，少量水加入后用空心玻璃塞或聚四氟乙烯塞压紧，让少量水充分浸润固体后打开真空泵抽干，重复一到两次即可。

[5] 干燥时需防止加热过度,一般间隔 5~10min 的两次称量质量差在 0.01g 以内可认为干燥充分。如本实验与己内酰胺制备实验连做,可以不用干燥彻底,无明显水分即可进行己内酰胺的制备。

【思考题】
(1) 为什么不能在抽滤的时候用大量水洗涤?
(2) 本次实验为何要加入醋酸钠?能否使用氢氧化钠代替?

实验 39 己内酰胺的制备

Beckmann 重排反应是在酸性条件下加热,肟(酮肟或醛肟均可)所发生的重排,一般认为经过异氰酸酯中间体,亚胺碳原子上的一个烷基转而连接在氮原子上,随后亚胺碳原子与水结合并脱氢生成酰胺的羰基。该反应烷基的迁移伴随着肟上羟基的离去,是典型的立体专一性的分子内重排,能得到一般的方法无法得到的酰胺,尤其是内酰胺。同时,通过鉴定生成的酰胺,可以确认肟的结构,获得相应醛、酮的结构。Beckmann 重排反应速率很快,但由于在强酸性条件下反应,得到的酰胺有分解的可能,因此温度是 Beckmann 重排产率的重要因素,过高的温度不利于产率的提高。

尼龙是性能优良的聚酰胺类高分子的总称,其中尼龙-66(聚己二酰己二胺)和尼龙-6(聚己内酰胺)是最主要的种类。尼龙-6 是通过 6-氨基己酸的分子间脱水获得的,而 6-氨基己酸则主要通过己内酰胺的水解获得。工业上,己内酰胺加热水解后并不需要分离,反应釜继续加热提高温度所得的 6-氨基己酸发生分子间脱水,即可获得不同分子量的尼龙-6 的聚合物,因此工业上一般都认为尼龙-6 的合成原料为己内酰胺。由于己内酰胺易于水解,因此本实验的合成关键在于控制中和的温度,防止所得己内酰胺发生水解。

本实验可使用环己酮肟的制备实验的产物为原料,如产物量与本方案不一致,可按比例增减相应试剂的用量。

【实验目的】
(1) 学习利用 Beckmann 重排将肟转变为酰胺的原理和方法。
(2) 学习和巩固萃取及重结晶的实验操作。

【实验原理】

环己酮肟 $\xrightarrow[\text{2) NH}_3\text{-H}_2\text{O}]{\text{1) H}_2\text{SO}_4}$ 己内酰胺

【主要仪器和试剂】
(1) 仪器:500mL 烧杯,量筒,温度计,恒压滴液漏斗,电热套,抽滤瓶,布氏漏斗,安全瓶,直形冷凝管,蒸馏头,尾接管,温度计套管,分液漏斗等。
(2) 试剂:环己酮肟,浓硫酸,四氯化碳,石油醚(60~90℃),石蕊试纸等。

【实验步骤】
在 500mL 大烧杯中,加入 10g 环己酮肟和 20mL 冷却至室温的 85% 硫酸,玻璃棒搅拌使反应物混合均匀[1]。在烧杯中放置一支 200℃ 的温度计,小心缓慢地加热烧杯,当开始有气泡时(约 120℃),立即移去热源,此时发生强烈的放热反应,温度很快自行上升(可达 160℃),反应在几秒内即完成[2]。稍冷却后,将此溶液倒入 250mL 三口烧瓶中。三口烧瓶中加入磁子,安装温度计和恒压滴液漏斗,冰盐浴中冷却至溶液温度下降至 5℃ 以下。在搅拌下小心滴入 20% 氨水溶液,控制温度在 20℃ 以下,直至溶液恰好对石蕊试纸呈碱性[3]。

粗产物倒入分液漏斗中,用四氯化碳萃取(每次 10mL,萃取三次),合并有机层,用无水硫酸镁干燥,滤入圆底烧瓶中加沸石蒸除溶剂,至剩余约 8mL 溶液,之后,放入冰水浴中降温,并加入石油醚至恰好出现浑浊(约 20mL)[4]。析晶完全后抽滤,少量石油醚洗涤,得最终产物的无色到浅灰色固体,约 5~6g。

注释

[1] 反应有大量的热放出,如采用 250mL 烧杯有溢出的危险,因此要用大的烧杯加热,同时注意过程中加强搅拌。

[2] 加热时要缓慢,注意温度计示数,环己酮肟纯度不足时可能观察不到明显放热,若没有明显的温度上升,则加热到 140℃ 即可停止。重排反应后的溶液应为淡黄色或更浅,加热过快,温度过高以及原料纯度不足都会导致重排后的溶液颜色过深,产率下降。

[3] 开始时要缓慢滴加,防止液体黏稠导致搅拌不充分,散热不均造成水解。滴加过程通常需加约 60mL 20% 的氨水,约 1.5h 加完,注意先慢后快,过量滴加氨水会导致产物的溶解,降低产率。

[4] 有实验方案采用粗产物分液后的有机层干燥后直接减压蒸馏的方案,如训练减压蒸馏操作,则可以加热收集 127~133℃/0.93kPa(7mmHg)的馏分,注意馏出物在接收瓶内即可固化成无色结晶,注意在接收前称好接收瓶的质量,便于计算产率。

【思考题】

(1) 在制备己内酰胺的过程中为什么使用氨水中和体系的硫酸?为什么采用石蕊试纸进行检测而不是使用广泛 pH 试纸?

(2) 萃取过程中如何判断上层的液体是水层还是有机层?

第4章 研究性、设计性实验

"研究性实验"(researchful experiment)是对已有科学成果的再发现或通过研究发现新知,是一种探究活动。研究性实验是教师确定课题后,学生在老师的指导下,根据实验目的与要求,自行查阅资料及手册,对已掌握的大量文献资料进行分析、整理,选定合理的研究路线,确立实验方案。在教学活动中,教师循序渐进地采用"指导"、"启发"、"探讨"的教学方法进行教学,学生组成研究团队,利用课余时间,自主进行研究性学习,自主进行实验方法的设计、组织设备和材料、实施实验、数据分析处理、总结报告等工作。该类型实验可以培养学生发现、分析和解决问题的兴趣和能力。

"设计性实验"(designing experiment)是参考给定的实验样例和相关资料,按照实验目的要求,学生自主设计实验方案、列出所需仪器和药品及基本实验步骤,独立操作完成的实验。

研究性和设计性实验是倡导以学生为主体的创新性实验改革,该类型实验可调动学生的主动性、积极性和创造性,使学生在本科阶段得到创新性科学研究的锻炼,培养科研能力和创新兴趣。

研究性和设计性实验的步骤一般包括如下方面。
(1) 确定实验课题。
(2) 根据所选课题查阅中外文资料。
(3) 在查阅大量文献的基础上拟订实验方案,交指导教师审批后形成详细的实验计划。
(4) 选择实验仪器,确定实验药品。
(5) 进行实验探索,测定实验数据,优化实验条件。
(6) 以论文的形式写出实验报告,包括论文题目、作者、摘要、关键词、前言、实验原理及路线、实验仪器及试剂、实验步骤、实验结果与讨论以及参考文献等。

本章列出7个研究性和设计性实验,供有条件的同学选做。

实验40 无机离子显色剂 7-(4-安替吡啉偶氮)-8-羟基喹啉合成及与铜的显色反应

7-(4-安替吡啉偶氮)-8-羟基喹啉为喹啉偶氮类显色剂中的一种。1972年,7-(4-安替吡啉偶氮)-8-羟基喹啉被合成,用于光度法测定金含量。7-(4-安替吡啉偶氮)-8-羟基喹啉为暗褐色粉末状固体,熔点183℃,微溶于水,溶于乙醇、甲醇、三氯甲烷、丙酮等,在此溶液中显橙黄色,可与 Co^{2+}、Cu^{2+}、Ni^{2+}、Pd^{2+} 等形成红色络合物。本实验为研究性实验。学生可通过重氮化和偶合反应合成 7-(4-安替吡啉偶氮)-8-羟基喹啉[7-(4-antipyringlazo)-8-hydroxyquinoline],重点研究 7-(4-安替吡啉偶氮)-8-羟基喹啉与铜(copper)显色的较佳工艺条件。本实验主要包括以下两部分内容。

(1) 7-(4-安替吡啉偶氮)-8-羟基喹啉的合成

【实验目的】
① 了解利用重氮化和偶合反应制备偶氮化合物的原理和方法。

② 复习加热、搅拌、滴加、过滤、重结晶等基本操作。

【实验原理】

将 4-氨基安替吡啉与亚硝酸反应制成重氮盐溶液，再将重氮盐在弱碱性条件下与 8-羟基喹啉进行偶合反应，制备 7-(4-安替吡啉偶氮)-8-羟基喹啉。

【主要仪器和试剂】

① 仪器：搅拌器，空气冷凝管，长颈滴液漏斗，布氏漏斗，玻璃漏斗，保温漏斗，吸滤瓶，三口烧瓶，磨口锥形瓶。

② 试剂：4-氨基安替吡啉 8g（0.04mol），亚硝酸钠 3.0g（0.043mol），8-羟基喹啉 5.8g（0.04mol），氢氧化钠，浓盐酸，乙醇（95%），脲，N,N-二甲基甲酰胺，蒸馏水。

【实验步骤】

将 8.0g(0.04mol)4-氨基安替吡啉溶于 50mL 水中，加入 8mL 浓盐酸，置于冰浴中冷却后，滴加 3.0g（0.043mol）亚硝酸钠溶于 15mL 水的溶液，使其重氮化，加完后再反应 0.5h，在此反应过程中，温度保持在 -2~0℃。而后加入少量尿素（10g/25mL），消除多余的亚硝酸钠，得紫红色的重氮盐溶液。

将 5.8g（0.04mol）8-羟基喹啉溶于 80mL 乙醇（95%）中，冷却至 0℃，在搅拌下滴加上述得到的重氮化合物溶液，同时加入 5.8g（0.145mol）氢氧化钠溶于 30mL 水的溶液，使 pH 值保持在 8 左右，加完后再搅拌 2h，反应结束后，滤出析出的红棕色产品，水洗后，再用乙醇洗涤，用 N,N-二甲基甲酰胺重结晶。

(2) 7-(4-安替吡啉偶氮)-8-羟基喹啉分光光度法测定铜

【实验目的】

① 了解 721 型（或 722S 型）分光光度计的构造和使用方法。
② 掌握 7-(4-安替吡啉偶氮)-8-羟基喹啉分光光度法测定铜的方法。

【主要仪器和试剂】

721 型（或 722S 型）分光光度计；pHS-3C 型酸度仪。

铜标准溶液：准确称取纯铜（含量不低于 99.9%）0.1000g 于 100mL 烧杯中，加 1+1 硝酸溶液予以溶解，再加少许 1+1 硫酸溶液蒸至冒白烟，冷却后用水稀释定容于 500mL 容量瓶中，此溶液含铜 0.2g/L。取其稀释液 5mL 于 100mL 容量瓶中，并稀释至刻度，此溶液含铜 10mg/L（使用时稀释到 $10\mu g/mL$）。

7-(4-安替吡啉偶氮)-8-羟基喹啉溶液：0.025% 1+1 乙醇和 N,N-二甲基甲酰胺溶液。

pH=3.6 的 HAc-NaAc 缓冲溶液。

【实验步骤】

准确移取一定量的铜标准溶液于 25mL 容量瓶中，依次加入 5mL pH=3.6 的缓冲溶液、3mL 显色剂，以水稀释至刻度，摇匀。显色 5min 后，以试剂空白为参比，用 1cm 比色皿，于 510nm 处测定吸光度。

【条件试验】

① 吸收曲线的绘制　准确移取 10μg/mL 铜标准溶液于 25mL 容量瓶中,加入 5mL pH=3.6 的缓冲溶液,3mL 显色剂,以水稀释至刻度,摇匀。显色 5min 后,以试剂空白为参比,用 1cm 比色皿,用不同的波长从 570nm 开始到 430nm 为止,每隔 10nm 测定一次吸光度。然后以波长为横坐标,吸光度 A 为纵坐标绘制吸收曲线,从吸收曲线上确定该测定的适宜波长。

② 络合物的显色时间及稳定性的测定　按实验方法进行显色,在最大吸收波长(510nm)处,每隔一定时间测定其吸光度,以时间 (t) 为横坐标,吸光度 A 为纵坐标绘制 A-t 曲线,从曲线上确定该络合物的显色时间及稳定性。

③ 显色剂浓度试验　按实验方法进行显色,在其他条件不变的条件下,改变显色剂的加入量 0.5mL、1mL、2mL、3mL、4mL、5mL、6mL,以加入显色剂的体积为横坐标,吸光度 A 为纵坐标绘制曲线,从吸收曲线上找出显色剂最适宜的加入量。

④ 缓冲溶液用量试验　只改变缓冲溶液用量,测定络合物在不同用量的缓冲溶液中的吸光度,以加入缓冲溶液的体积为横坐标,吸光度 A 为纵坐标绘制曲线,从吸收曲线上找出缓冲溶液的最适宜的加入量。

【铜含量的测定】

① 标准曲线的绘制　按实验方法进行显色,在其他条件不变的条件下,改变 Cu^{2+} 的加入量 0.5mL、1mL、2mL、3mL、4mL、5mL、6mL,以加入 Cu^{2+} 的体积为横坐标,吸光度 A 为纵坐标绘制标准曲线,从吸收曲线上确定 Cu^{2+} 符合比耳定律的范围,用 Origin 6.0 软件作图,求出曲线的线性回归方程、相关系数,计算显色反应的摩尔吸光系数 ε。

② 未知液中铜含量的测定　吸取 5mL 未知液代替标准溶液,按实验方法进行显色,测定吸光度。将吸光度数值代入线性回归方程中,计算 5mL 未知液中铜离子的含量,以每毫升未知液中含铜多少微克表示结果。

注意事项

(1) 重氮化是放热反应,重氮盐对热不稳定,因此要在冷却的情况下进行,一定要调节亚硝酸钠的滴加速度,维持温度在 0℃ 附近。

(2) 重氮盐制备过程中要避免过量的亚硝酸存在。过量的亚硝酸会促进重氮盐的分解,会很容易和进行下一步反应所加的化合物起作用。加入适量的亚硝酸钠溶液后,要及时用碘化钾淀粉试纸检验反应终点。过量的亚硝酸钠可以加尿素来除去。

【思考题】

(1) 重氮化反应的终点如何检验?

(2) 偶合反应终点如何检验?

(3) 8-羟基喹啉与重氮盐进行偶合反应时为何要在弱碱性条件下进行反应?

【参考文献】

[1] 闫鹏飞,郝文辉,高婷. 精细化学品品化学. 北京: 化学工业出版社,2004.

[2] 曾云鹗,张华山,陈震华. 现代化学试剂手册: 第四分册　无机离子显色剂. 北京: 化学工业出版社,1989,262.

实验 41　三组分(环己醇、苯酚、苯甲酸)的分离

分离提纯作为一种重要的化学方法,不仅在有机化学实验和化学研究中具有重要作用,

在化工生产中也同样具有十分重要的作用。不少重要的化学研究与化工生产，都是以分离提纯为主体的，如石油工业等。有机化学反应的特点之一是副反应较多，因此，混合物的分离和提纯是有机化学实验最基本的部分，几乎所有类型的有机化学实验都离不开分离纯化工作。分离（separation）常指从混合物中把几种物质逐一分开。提纯（purification）通常指把杂质从混合物中除去。一般依据混合物中各组分物理性质（物态、沸点、蒸气压、溶解度、极性等）和化学性质（酸碱性）上的某些差异来分离提纯有机化合物。在进行分离提纯操作之前，一定要了解混合物中各组分的物理性质和化学性质，然后确定如何分离。

本实验是将一份自己配制的含有环己醇（cyclohexanol）、苯酚（phenol）和苯甲酸（benzoic acid）的混合物进行分离，然后分别纯化。目的在于通过此分离纯化操作，使学生在对其他混合物设计分离纯化时有所参考。

【实验目的】

（1）学会利用有机化合物酸性和在水中的溶解度不同，采用稀酸和稀碱进行三组分混合物（环己醇、苯酚、苯甲酸）分离提纯的方法。

（2）学会设计用简单的化学方法分离有机混合物的实验方案，根据自己设计的实验方案组装实验装置，并独立完成实验操作。

【实验原理】

本实验是利用混合物中各组分酸性的不同来分离提纯各种化合物的。化合物的酸性如表4-1 所示。

表 4-1　化合物的酸性

化合物	pK_a	化合物	pK_a
苯甲酸	4.20	水	15.7
碳酸	6.37	环己醇	18
苯酚	10		

环己醇的酸性比水弱，所以环己醇与 NaOH 难反应。

苯酚的酸性大于水，所以苯酚可与 NaOH 等强碱反应，形成可溶于水的酚钠。酚钠又能被碳酸等强酸置换出酚。实验室常利用此性质来分离和纯化酚类化合物。实验中向酚钠溶液中不断通入 CO_2 即可使酚游离出来。反应方程式如下：

$$\text{C}_6\text{H}_5\text{—OH} + \text{NaOH} \xrightarrow{\text{H}_2\text{O}} \text{C}_6\text{H}_5\text{—O}^-\text{Na}^+ + \text{H}_2\text{O}$$

$$\text{C}_6\text{H}_5\text{—O}^-\text{Na}^+ + \text{CO}_2 + \text{H}_2\text{O} \longrightarrow \text{C}_6\text{H}_5\text{—OH} + \text{NaHCO}_3$$

苯甲酸的酸性比水、环己醇、苯酚和碳酸的酸性强，它可与 $NaHCO_3$、Na_2CO_3、NaOH 等反应生成可溶于水的盐。与硫酸、盐酸等无机酸相比，苯甲酸的酸性较弱。向苯甲酸盐中加入无机酸可发生强酸置换弱酸的反应，生成苯甲酸。反应方程式如下：

$$\text{C}_6\text{H}_5\text{—COOH} + \text{NaOH} \longrightarrow \text{C}_6\text{H}_5\text{—COONa} + \text{H}_2\text{O}$$

$$\text{C}_6\text{H}_5\text{—COOH} + \text{NaHCO}_3 \longrightarrow \text{C}_6\text{H}_5\text{—COONa} + \text{CO}_2\uparrow + \text{H}_2\text{O}$$

$$\text{C}_6\text{H}_5\text{—COONa} + \text{HCl} \longrightarrow \text{C}_6\text{H}_5\text{—COOH} + \text{NaCl}$$

【主要仪器和试剂】

(1) 仪器：分液漏斗，烧杯，布氏漏斗，水循环泵，吸滤瓶。

(2) 试剂：NaOH，$NaHCO_3$，HCl（6mol/L），环己醇，苯酚，苯甲酸。

【实验步骤】

(1) 查阅资料，写出分离25g混合物的实验设计方案。

(2) 补充所需试剂及仪器。

(3) 查阅混合物中各组分的物理化学性质及物理常数。

(4) 设计实验步骤。

(5) 计算各组分的含量及回收率，完成表4-2。

表 4-2　各组分的回收率

组　分	理论量/g	实验结果	
		回收量/g	回收率/%
苯甲酸			
苯酚			
环己醇			

注意事项

(1) 苯甲酸对皮肤有轻度刺激性。蒸气对上呼吸道、眼睛和皮肤产生刺激。本品在一般情况下接触无明显的危害性。

(2) 苯酚具有强的腐蚀性，如不慎滴落到皮肤上应立刻用酒精（乙醇）清洗，在空气中易被氧化而变粉红色。

【思考题】

(1) 本实验的分离方案可能有哪几种，写出其实验原理、仪器、试剂及操作步骤。

(2) 苯甲酸有哪些用途，试举例说明。

(3) 苯酚和苯甲酸如何鉴别？写出鉴别苯酚和苯甲酸的实验方法和原理。

(4) CO_2 如何制备？画出实验装置图，写出反应原理及操作方法。

【参考文献】

[1] 王福来. 有机化学实验. 武汉：武汉大学出版社，2001.

[2] 侯士聪. 基础有机化学实验. 北京：中国农业大学出版社，2006.

[3] 郭书好. 有机化学实验. 第3版. 武汉：华中科技大学出版社，2008.

实验42　阳离子/非离子二元表面活性剂复配体系对3,4-二羟基苯基荧光酮与钼（Ⅵ）显色反应的增敏性能研究

表面活性剂（surfactant）素有"工业味精"之称，因为它在工农业、医药、日常生活及高新技术领域中都有广泛的应用，是多功能的精细化工产品。表面活性剂常分为离子型和非离子型两大类。在离子型表面活性剂中，按生成亲水基离子种类的不同可分为阴离子型表面活性剂和阳离子型表面活性剂，另外还有两性型离子表面活性剂、混合型离子表面活性剂等。由于表面活性剂之间进行复配（complex）使用可获得比单一表面活性剂更优良的效果，所以，表面活性剂之间的复配长期以来备受研究者和生产者的关注。本实验合成3,4-二羟基苯基荧光酮（3,4-dihydroxyphenylfluorone），重点研究阳离子/非离子二元表面活性剂复配体系对3,4-二羟基苯基荧光酮与钼（molybdenum）（Ⅵ）显色反应的增敏性能影响。

【实验目的】

(1) 掌握3,4-二羟基苯基荧光酮的合成方法及原理。
(2) 了解3,4-二羟基苯基荧光酮与钼(Ⅵ)显色反应的原理。
(3) 了解阳离子/非离子二元表面活性剂复配体系的增敏原理。

【3,4-二羟基苯基荧光酮的合成反应原理】

$$\text{对苯二酚} \xrightarrow[H_2SO_4]{K_2Cr_2O_7} \text{苯醌} \xrightarrow[H_2SO_4]{(CH_3CO)_2O} \text{三乙酰氧基苯} \xrightarrow[H_2SO_4]{3,4-二羟基苯甲醛} \text{3,4-二羟基苯基荧光酮}$$

【主要仪器和试剂】

(1) 仪器：721型分光光度计，电动搅拌器，水泵，球形冷凝器，磨口三口烧瓶，加热套。
(2) 试剂：对苯二酚，乙酸酐，浓硫酸，无水乙醇，重铬酸钾，3,4-二羟基苯甲醛。

钼标准溶液：称取0.1500g光谱纯三氧化钼于100mL烧杯中，加入10mL 10%的氢氧化钠溶解，移入100mL容量瓶中，用水稀释至刻度，摇匀，制得浓度为1mg/mL的钼标准溶液。取上述标液稀释配制10μg/mL的钼作为工作液。

3,4-二羟基苯基荧光酮(0.025%)：称取0.0625g自制的3,4-二羟基苯基荧光酮，放入50mL锥形瓶中，加入几滴DMF直到试剂全部溶解，加入30mL无水乙醇得到橘红色的溶液。将溶液转移到250mL容量瓶中，最后用无水乙醇定容，摇匀。

溴化十六烷基三甲基铵(CTMAB)：1.0×10^{-2} mol/L水溶液；Tween-80；Tween-100；pH=5.0的NaAc-HAc缓冲溶液。实验所需的水为蒸馏水。

【实验步骤】

1. 3,4-二羟基苯基荧光酮的合成

参考文献[1]和参考文献[2]制定出合成3,4-二羟基苯基荧光酮的合成方法，画出反应装置图，并合成3,4-二羟基苯基荧光酮。补充实验所需的仪器及试剂。

2. 3,4-二羟基苯基荧光酮与钼(Ⅵ)的显色反应

(1) 实验方法

在25mL容量瓶中分别加入2mL 10μg/mL的钼标准溶液、3mL pH=5.0的NaAc-HAc缓冲溶液、4mL 1.0×10^{-2} mol/L CTMAB水溶液、2mL 0.5%的Tween-80(或Tween-100溶液)、1mL的0.025%的3,4-二羟基苯基荧光酮溶液，用蒸馏水稀释至刻度，摇匀，10min后，用1cm比色皿，以试剂空白为参比，用721型分光光度计在570nm波长处测定吸光度。

(2) 条件实验

① 吸收曲线　按实验方法进行显色，分别测定无表面活性剂、有表面活性剂CTMAB及在表面活性剂CTMAB和Tween-100存在下的吸收光谱。比较上述各种情况显色反应的灵敏度。考察复配后的表面活性剂是否有增敏作用。

② 表面活性剂用量对显色反应的影响　改变表面活性剂及其用量，考察表面活性剂对显色反应的影响。完成表4-3。

表 4-3 表面活性剂对显色反应的影响

表面活性剂	浓度/%	加入量/mL	λ_{max}(MR)/nm	ε/[L/(mol·cm)]
无				
Tween-80	0.5	4		
Tween-100	0.5	4		
CTMAB	0.36	6		
CTMAB+Tween-80	0.36+0.5	4+2		
CTMAB+Tween-100	0.36+0.5	4+2		

③ 总结规律,得出实验结论。

注意事项

(1) 本实验也可用买到的苯基荧光酮类显色剂(例如苯基荧光酮、水杨基荧光酮等)来代替 3,4-二羟基苯基荧光酮,实验不同表面活性剂复配对光度分析的影响。

(2) 本实验也可在 CTMAB 中加入正丁醇、正庚烷及水,配制微乳液,研究复配后的表面活性剂对显色反应的影响。

【思考题】

(1) 试论述表面活性剂的应用现状及发展趋势。

(2) 什么是表面活性剂,举例说明表面活性剂在有机合成或日常生活中的应用。

(3) 什么是表面活性剂的复配?举例说明表面活性剂复配的优点。

【参考文献】

[1] 曾云鹗,张华山,陈震华. 现代化学试剂手册(第四分册). 无机离子显色剂. 北京:化学工业出版社,1989.395.

[2] 罗光富,黄应平,颜克美. 新显色剂 2,3,7-三羟基-9-(2,4-二羟基)苯基荧光酮的合成及与金属离子显色反应的研究. 化学试剂,2002,24(3):158-159,166.

[3] 吴宏,黄应平. 胶束增敏 2,3,7-三羟基-9-[4-(2,4-二羟基)苯偶氮]苯基荧光酮与钼(Ⅵ)显色反应的研究. 华中师范大学学报:自然科学版,2000,34(3):306-309.

[4] 陈文宾,张雁秋,马兴卫等. 微乳液介质-水杨基荧光酮分光光度法测定微量铋. 冶金分析,2005,25(5):49-51.

实验 43 人工合成香料——乙酸苄酯的制备

【研究背景】

乙酸苄酯(benzyl acetate),常温下为无色透明油状液体,不溶于水,易溶于乙醇和乙醚。沸点为 212~213℃,折射率(n_D^{20})为 1.5010~1.5030。

乙酸苄酯存在于多种天然精油中,是风信子、茉莉、栀子等精油的主要成分,是我国 GB 2760—86 规定允许使用的食用香料,是食品和化妆品工业中广泛应用的一种重要的合成香料。乙酸苄酯具有浓郁的茉莉花香味,具有独特的香气和挥发性,并带有果香香调,对花香和幻想型香精的香韵有提升作用,可用于配制多种水果、木瓜、奶油、紫罗兰等茉莉花香型的香精,在 400 种著名的加香产品中,其用量排名均在前 5 名之内。此外,它还广泛用作树脂、染料、油脂、油墨等的溶剂。由于乙酸苄酯用途广泛,需求量巨大,由天然产物提取很难满足需要,只能求助于人工合成。

目前乙酸苄酯的合成方法主要有以下几种。

(1) 苄氯与醋酸钠在氧化铜或汞盐存在下反应,收率低,污染严重,成本高。

(2) 苄氯与醋酸钠以冰醋酸为溶剂进行反应,但反应后溶剂难以回收,损失大。

(3) 苄氯与醋酸钠在相转移催化剂存在下反应,操作条件温和,收率高。

(4) 苄醇与醋酸在硫酸催化下直接酯化合成,但设备腐蚀严重,副反应多,后处理复杂,废液排放量大。

由于现代分析手段证实苄氯属致癌物质,因此以苄醇与醋酸为原料的合成方法已成为安全可靠的首选路线,但这种方法转化率较低,反应时间长,硫酸对设备的腐蚀性较大,维修费用和生产成本高,并且产品后处理复杂,环境污染严重。因此,以苄醇与醋酸为原料制备乙酸苄酯的合成方法必须解决硫酸催化存在的弊端,才能真正成为安全可靠的首选路线。许多学者在合成乙酸苄酯方面做了大量工作,发现采用固体酸、路易斯酸、杂多酸、酸式硫酸盐、强酸性阳离子交换树脂等代替硫酸作催化剂,均能得到较好的效果。

【研究内容】

(1) 以本实验提供的文献为基础,查阅相关文献资料。总结有关非硫酸催化剂在以苄醇与醋酸为原料制备乙酸苄酯的合成方法中的应用。

(2) 在以下几种酸催化剂:固体酸、路易斯酸、杂多酸、酸式硫酸盐和强酸性阳离子交换树脂中选择一种进行乙酸苄酯的制备。

(3) 学会设计合理的实验方案,根据自己设计的实验方案组装实验装置,并独立完成乙酸苄酯的制备。

(4) 总结实验研究结果,撰写总结论文。

【参考文献】

[1] 马松艳等. 乙酸苄酯的合成研究进展. 应用化工, 2009, 38(10).
[2] 周蓓蕾等. 乙酸苄酯绿色合成新工艺的研究. 中山大学学报, 2009, 48(4).
[3] 吴景梅等. 乙酸苄酯的合成. 化工中间体, 2010, 6.
[4] 李艳波等. 固体酸催化合成乙酸苄酯. 浙江化工, 2008, 39(2).
[5] 蒋红芝等. 乙酸苄酯合成过程强化实验及产物分析研究. 应用化工, 2009, 38(11).
[6] 张福娟等. 茉莉香精乙酸苄酯的催化合成. 河北化工, 2009, 32(9).

实验 44　多酸催化乙酸酯类化合物的制备研究

【研究背景】

多酸是指两个或两个以上的含氧酸分子缩合去水而成的配位酸。例如,两个磷酸(H_3PO_4)分子去水缩合而成的焦磷酸($H_4P_2O_7$),就是一种双酸:

$$2H_3PO_4 \longrightarrow H_4P_2O_7 + H_2O$$

多酸中含有相同酸根的称为同多酸,含有不同酸根的称为杂多酸;相应的盐称为同多酸盐和杂多酸盐。同多酸及其盐如重铬酸($H_2Cr_2O_7$)和重铬酸钾($K_2Cr_2O_7$);杂多酸及其盐如十二水合十二钼磷酸 $\{H_3[PMo_{12}O_{40}]\cdot 12H_2O\}$ 和十二钼磷酸钾 $\{K_3[PMo_{12}O_{40}]\}$。

多酸是一种多核配合物。化学元素中有近 40 种元素可形成多酸,包括各个成酸元素、两性元素以及若干金属性较强的元素。元素周期表中尤以第ⅤB 和第ⅥB 族元素能形成同多酸根离子。

在多酸中,杂多酸及其盐类是一种多功能的新型催化剂,在催化研究领域越来越受到人们的重视。这是因为它在很多反应中都具有很高的催化活性,而且可以减少对环境带来的污染问题。杂多酸及其盐在作为催化剂时具有以下一些特点。

(1) 杂多酸及其盐既具有配合物和金属氧化物的特征，又有强酸性和氧化还原性，它是具有氧化还原和酸催化的双功能催化剂。

(2) 杂多酸的阴离子结构稳定，性质却随组成元素不同而异，可以通过分子设计的手段，以改变分子组成和结构来调节其催化性能。

(3) 活性高、选择性强，既可用于均相反应，又可用于多相反应。

(4) 对设备腐蚀性小，不污染环境。

杂多酸催化剂主要有三种形式：纯杂多酸、杂多酸盐和负载型杂多酸，其中以负载型杂多酸效果最好。负载型杂多酸是将杂多酸有效地固载在载体上，其优点是杂多酸固载在具有较大比表面积的载体上以后，将大大增加其在反应中与反应物的接触面积，从而使催化效率显著增加；同时杂多酸负载后，能在液相氧化和酸催化反应中把催化剂从反应介质中很方便地分离出来，实现催化剂的重复使用。最常用的载体是活性炭，负载型杂多酸催化剂的制备常用的方法主要有浸渍法、吸附法、溶胶-凝胶法和水热分散法。一般最常用的是浸渍法，改变杂多酸溶液浓度及浸渍时间是调节浸渍量的主要手段。

酯类化合物是重要的有机精细化学品，通常是在酸催化下由羧酸和醇酯化得到。长期以来，这类化合物的合成一般是以硫酸为催化剂。虽然硫酸价格低、活性高，但是副反应多，对设备腐蚀严重，并产生大量酸性废水。杂多酸催化剂，尤其是负载型杂多酸催化剂用于酯化反应，对设备腐蚀小，容易从反应介质中分离，不产生酸性废水，是一种环境友好的催化剂，具有非常好的应用前景。

【研究内容】

(1) 以本实验提供的文献为基础，查阅相关文献资料。总结有关负载型杂多酸催化剂及其在酯化反应中应用的研究进展。

(2) 以活性炭为载体，磷钨酸为本体，用浸渍法制备负载型磷钨酸催化剂。

(3) 在以下三种酯：乙酸乙酯、乙酸正丁酯和乙酸异丙酯中选择一种，在上述催化剂作用下合成乙酸酯类化合物。

(4) 学会设计合理的实验方案，根据自己设计的实验方案组装实验装置，并独立完成乙酸苄酯的制备。

(5) 总结实验研究结果，撰写总结论文。

【参考文献】

[1] 王恩波等. 多酸化学导论. 北京：化学工业出版社，2000.
[2] 赵忠奎等. 用马来酸制备富马酸和苹果酸的绿色化学方法. 化学进展. 2004，16(4).
[3] 吴越等. 富马酸生产工艺控制过程的改进. 分子催化. 1996，10(4).
[4] 于世涛等. 固体酸与精细化工. 北京：化学工业出版社，2006.
[5] 刘士荣等. 苯酐副马来酸制备富马酸. 精细石油化工. 2007，24(1).

实验 45　反丁烯二酸的制备研究

【研究背景】

反丁烯二酸 (fumaric acid) 又称延胡索酸或富马酸，常温下为单斜晶系无色针状或小叶状结晶，有水果酸味，溶于水，微溶于冷水、乙醚、苯，易溶于热水，溶于乙醇。熔点为 $300 \sim 302$℃（封管），在 165℃（17mmHg）升华，是最简单的不饱和二元羧酸。

反丁烯二酸最早从延胡索中发现，此外，也存在于多种蘑菇和新鲜牛肉中。反丁烯二酸与顺丁烯二酸互为几何异构体，反丁烯二酸加热至 250~300℃ 转变成顺丁烯二酸。

反丁烯二酸用于生产不饱和聚酯树脂，这类树脂的特点是耐化学腐蚀性能好，耐热性也好；反丁烯二酸与乙酸乙烯的共聚物是良好的黏合剂，与苯乙烯的共聚物是制造玻璃钢的原料，反丁烯二酸所制得的增塑剂无毒，可用于与食品接触的乙酸乙烯乳胶。该品是医药和光学漂白剂等精细化学品中间体，在医药工业中用于解毒药二巯基丁二酸的生产，将反丁烯二酸用碳酸钠中和，即得到反丁烯钠，进而用硫酸亚铁置换得到反丁烯二酸铁，是用于治疗小红细胞型贫血的药物富血铁。该品作为一种食品添加剂——酸味剂，用于清凉饮料、水果糖、果冻、冰淇淋等，大多与酸味剂柠檬酸并用，反丁烯二酸与氢氧化钠反应制成的单钠盐，也用作酸味调味品，还用作合成树脂、媒染剂的中间体。

工业上有多种方法生产反丁烯二酸，其主要来源是在催化剂存在下将苯（或丁烯）氧化生成顺丁烯二酸（或顺丁烯二酸酐），再经异构化而得。将苯（或 80% 的丁烯）与过量空气在流化床或固定床反应器中进行氧化反应生成顺丁烯二酸酐，被循环的酸液吸收成顺丁烯二酸。再经脱色过滤，顺丁烯二酸在硫脲催化剂作用下进行异构化，反应物经过滤、洗涤、干燥即得反丁烯二酸。异构化催化剂也采用过硫酸铵-溴化铵混合物或金属盐、铵盐、硫醇及 10%~20% 的盐酸。碳水化合物如蔗糖、葡萄糖、麦芽糖经黑根菌发酵也可制得反丁烯二酸。用糖类发酵的方法，1t 产品需耗粮食 8t，经济上很不合算，国内研究以液体石蜡代替粮食发酵，以 C_{16}~C_{18} 含量较多的液蜡为碳源，经 80~88h 发酵，液蜡转化率在 50% 左右，提取率在 50% 以上。糠醛法，以糠醛为原料，经氯酸钠氧化而得。

【研究内容】

（1）以本实验提供的文献为基础，查阅相关文献资料。总结有关异构化法制备反丁烯二酸的研究进展。

（2）在以下三种催化剂：硫脲、铵盐和 10%~20% 盐酸中选择一种，通过顺丁烯二酸异构化制备反丁烯二酸。

（3）学会设计合理的实验方案，根据自己设计的实验方案组装实验装置，并独立完成反丁烯二酸的制备。

（4）总结实验研究结果，撰写总结论文。

【参考文献】

[1] 李贵华等. 马来酸催化转化制备富马酸. 郧阳医学院学报，1997，16(1).
[2] 张万轩等. 用马来酸制备富马酸和苹果酸的绿色化学方法. 忻州师范学院学报，2010. 26(2).
[3] 付绍祥等. 富马酸生产工艺控制过程的改进. 辽宁化工，1994，5.
[4] 索陇宁等. 顺酸酐水中马来酸异构化制富马酸. 精细石油化工进展，2001，2(11).
[5] 刘传玉等. 苯酐副产马来酸制备富马酸. 苯酐通讯，1996，1.
[6] 张慧等. 富马酸生产工艺进展. 化工科技，2002，10(5).
[7] 苏秋芳等. KBr-H_2O_2 催化顺酐异构化合成富马酸. 化学试剂，2001，23(2).
[8] 高翠英等. 富马酸及其衍生物的应用研究进展. 广东化工，2007，34(7).

实验 46 油田水缓蚀剂的制备与评价

【研究背景】

在油田开发中后期，会产生大量的 H_2S、CO_2、Cl^-、SO_4^{2-} 等腐蚀介质，这些物质溶解在地下采出水中，形成酸性液体，对井下管柱造成腐蚀。特别是 CO_2 酸性气体造成的腐蚀较为特殊，表现为坑蚀、点蚀状，例如中坝气田、华北油田都曾出现过由于 CO_2 腐蚀穿孔，造成油管报废及被迫停井的事例。此外，盐离子腐蚀也越来越成为一个突出的问题。

油田设备的服役条件主要是承载和环境，腐蚀是困扰石油天然气工业发展的难题之一。20世纪40年代末，含硫油气田出现设备开裂事故，使酸性油田的开采拖延了近10年。腐蚀大大缩短了油田设备和集输管线的使用寿命，据粗略估计，腐蚀给我国石油工业造成的损失约占行业总产值的6%，而采取合理的防腐蚀措施，可挽回30%~40%的损失。尽管一些特殊的耐蚀材料可用作制造油田设备和输集管线，但不能防止石油管的所有腐蚀，同时带来较高的材料成本。因此，必须采用其他更合理的防护技术提高油田设备的使用寿命。各种有机、无机涂镀层用于管路内防护时施工难度较大，且存在结合力差、不能保护丝扣、不适应苛刻力学环境、有机涂料易老化、耐高温性能差等缺点。在介质中加入少量缓蚀剂，则可显著减少金属材料的腐蚀速度，并可保持金属的物理机械性能不变。同时，缓蚀剂具有成本低、操作简单、见效快、能保护整体设备、适合长期保护等特点，采用缓蚀剂无疑是油气田设备的最佳防护措施之一，也是该领域中国内外学者研究得最多的防腐措施。国内外的油田现场应用表明，加注缓蚀剂能大大提高油田设备的使用寿命。

大量有机化合物如醛类、胺类、羧酸、杂环化合物等可以作为有机缓蚀剂，目前有机缓蚀剂至少有150多个基本品种。作为缓蚀剂的有机化合物通常由电负性较大的N、O、S等原子为中心的极性基和C、H等原子组成的非极性基构成，能够以某种键的形式与金属表面相结合。国内外使用的油田缓蚀剂大多是链状有机胺及其衍生物、咪唑啉及其盐、季铵盐类、松香衍生物、磺酸盐、亚胺乙酸衍生物及炔醇类等。其中，有机胺类、季铵盐类、咪唑啉及其衍生物类缓蚀效果较好。

近年来，缓蚀剂和缓蚀技术的研究和应用发展很快，如多功能通用缓蚀剂、高效低毒型缓蚀剂、杂环型缓蚀剂、低聚型缓蚀剂等已相继研制成功。

为满足石油化工行业的发展需要，缓蚀剂的研究及发展方向主要为以下几个方面。

(1) 探索从天然植物、海产动植物中提取、分离、加工新型缓蚀剂有效成分。通过氢化、歧化、聚合和加成等改性后，可以获得在酸性介质中对碳钢有优异缓蚀性能的缓蚀剂。

(2) 研究开发脂肪酸、氨基酸、单宁酸等含氧、氮化合物为主的有机缓蚀剂和复合缓蚀剂。

(3) 开发高温200℃以上酸化缓蚀剂及炼油厂工艺缓蚀剂，满足工业生产发展的需要。

(4) 加强对含缓蚀剂的污染物处理及限制使用量的研究，以减少缓蚀剂对环境和生态发展的不良影响。

(5) 利用先进的现代分析测量仪器和计算机，从分子和原子水平上研究缓蚀剂分子在金属表面上的行为及作用机理，缓蚀剂之间协同作用机理，指导缓蚀研究和开发应用。

(6) 研究苛刻环境和复杂要求下具有优良综合性能、可与其他防护手段联合使用、无污染的缓蚀剂。

缓蚀效率的室内评价方法主要是失重法、直流极化法和交流阻抗法。失重法按石油天然气行业标准《油田注水缓蚀剂评价方法》(SY 5273—1991)执行。模拟工况，其他条件不变的情况下，分别测量注入缓蚀剂和不注入缓蚀剂的腐蚀失重量，计算缓蚀效率。直流极化法分别测得注入缓蚀剂和不注入缓蚀剂时腐蚀金属电极的极化曲线，利用塔菲尔外推法分别得到腐蚀电流计算缓蚀效率。交流阻抗法利用等效电路计算缓蚀效率。

此外，缓蚀效率的室内评价方法还包括物理测定法、化学分析法、表面微观分析法和扫描电极法、电化学噪声法等。

【研究内容】

(1) 以本实验提供的文献为基础,查阅相关文献资料。总结有关油田水缓蚀剂的制备方法和评价手段。

(2) 在以下缓蚀剂:有机胺类、季铵盐类、咪唑啉和咪唑啉衍生物中选择一种进行制备。

(3) 在以下方法:失重法、直流极化法和交流阻抗法中选择一种评价缓蚀剂的缓蚀效率。

(4) 学会设计合理的实验方案,根据自己设计的实验方案组装实验装置,并独立完成乙酸苄酯的制备。

(5) 总结实验研究结果,撰写总结论文。

【参考文献】

[1] 任呈强等. 油田缓蚀剂研究现状与发展趋势. 精细石油化工进展,2002(10).
[2] 尹成先等. 油田有机缓蚀剂的研究现状和发展趋势. 精细石油化工进展,2005(4).
[3] 黄光团等. 新型咪唑啉衍生物油田注水缓蚀剂的研究. 腐蚀与防护,2004(2).
[4] 赵艳娜等. 近中性油田产出水中缓蚀剂的性能评价. 腐蚀科学与防护技术,2008(7).
[5] 陈迪. 油田用缓蚀剂筛选与评价程序研究. 全面腐蚀控制,2009(3).

【阅读材料】 莫瓦桑的故事

1893年,法国科学院宣布了一条振奋人心的消息:法国化学家莫瓦桑成功地研制出了人造金刚石!片刻间,这一爆炸性的特大喜讯传遍全法国,传遍全世界。人们轰动了,法国轰动了,世界轰动了!莫瓦桑一下成为新闻媒介的焦点,成为人们心目中巨额财富的生产者,在法国,甚至有人称他为"世界富翁"。

早在发明人造金刚石之前,莫瓦桑已经是法国一位颇负盛名的化学家了。1886年,莫瓦桑首先制取了单质氟。6年后,他又发明了高温电炉。不过,莫瓦桑并没有被鲜花和荣誉绊住前进的步伐,在科学的道路上,他仍旧一如既往地孜孜进取。

有一次,莫瓦桑准备进行一项化学实验,需要用一种镶有金刚石的特殊器具。这种器具非常昂贵,因此实验室里的助手们倍加爱护。

早上,莫瓦桑来到实验室,做好实验前的准备工作。这时,各项仪器都准备好了,却找不到那镶有金刚石的昂贵器具。奇怪,怎么会突然不见了呢?

助手突然惊叫起来:"啊?门好像被撬过了!莫非有小偷光顾?"

莫瓦桑仔细一看,可不是,门锁很明显被人撬开过。进实验室前,谁也没有留意到。这么说,小偷看上那昂贵的金刚石了。

这桩意外使莫瓦桑萌生了一个念头:"天然金刚石如此稀少而昂贵,如果能人工制造金刚石,该有多好!"

可这谈何容易!作为化学家,莫瓦桑心里最清楚"点石成金"不过是美好的神话。要想制造金刚石首先要弄清楚金刚石的主要成分并了解它是怎样形成的。翻阅了许多资料后,莫瓦桑了解到,金刚石的主要成分是碳。至于它是如何形成的,在这方面的研究成果很少,只有德布雷曾经提出金刚石是在高温高压下形成的。紧接着莫瓦桑想到,要人工制造金刚石,得有可供加工的原材料。选什么材料才合适呢?还从未有人做过这方面的尝试。看来,一切要靠自己摸索了。

有一次，有机化学家和矿物学家查理·弗里德尔在法国科学院作了一个关于陨石研究的报告，莫瓦桑也参加了。在报告中，查理·弗里德尔说："陨石实际上是大铁块，它里面含有极微量的金刚石晶体。"听到这儿，莫瓦桑猛地想到：石墨矿中也常混有极微量的金刚石晶体，那么，在陨石和石墨矿的形成过程中，是否可以产生金刚石晶体呢？想到这里，莫瓦桑头脑中出现了制取人造金刚石的设想。他对助手们说："金刚石的主要成分是碳，陨石里含有微量金刚石，而陨石的主要成分是铁。我们的实验计划是，把程序倒过来，把铁熔化，加进碳，使碳处在铁水的高温高压状态下，看能不能生成金刚石。"

历史上第一次人工制取金刚石的实验开始了。没有先例，没有经验，更没有别人的指点，一切都像在黑暗中探路一样。第一次失败了，认真总结经验，找出问题的症结所在，第二次再来……经过无数次的反复探索，莫瓦桑的实验室里终于爆发出一阵激动的欢呼声，大家紧紧地拥抱在一起：成功了！

从此，人造金刚石诞生了，并日益在社会生活中发挥它那坚不可摧的威力。

莫瓦桑的故事再次验证了爱迪生的名言：成功等于99%的汗水，加上1%的灵感，但是那1%的灵感最重要，甚至比99%的汗水还要重要。我们要通过勤奋思考抓住变动不居的"灵感"，设计合理的实验方案，捕捉成功的机会。

第5章 开放性实验

开放性实验是以学生为主导作用、学生根据所学的理论知识自己设计实验、实施实验、整理总结实验结果、撰写实验论文的一种实验模式，是激发学生的科研兴趣、培养学生的科研素质、提高学生的动手能力和创新能力的富有个性的实验教学模式。

实验47　2-庚酮的制备

2-庚酮是一种存在于成年工蜂和小黄蚁体内的昆虫警戒信息素，微量存在丁香油、肉桂油和椰子油中，具有强烈的水果香味，可用作香精的添加剂，其实验室合成主要采用乙酰乙酸乙酯的烷基化反应和皂化水解脱羧反应。由于乙酰乙酸乙酯需要强碱（醇钠及以上强度的碱）才能脱氢发生烷基化反应，而水能够使醇钠分解为醇和氢氧化钠，降低碱的强度，因此2-庚酮的合成中对水分的控制要求很高，不仅仪器和溶剂要干燥除水，其合成的过程也要注意避免水分的进入。

本次实验对原料纯度要求较高，不建议采用正溴丁烷的制备实验中的产物为原料；考虑实验的安全性，尽量选用保存良好的乙醇钠，不建议采用金属钠为起始原料。

【实验目的】
(1) 学习和掌握制备2-庚酮的原理和方法。
(2) 学习防水条件下的反应的保障和操作。

【实验原理】

乙酰乙酸乙酯 $\xrightarrow[n-\text{BuBr}]{\text{EtONa}}$ 正丁基乙酰乙酸乙酯 $\xrightarrow[2) \text{H}_2\text{SO}_4 \text{加热脱羧}]{1) \text{NaOH}}$ 2-庚酮

【主要仪器和试剂】
(1) 仪器：250mL三口烧瓶，250mL圆底烧瓶，氯化钙干燥管，分液漏斗，锥形瓶，蒸馏头，温度计（200℃），回流冷凝管，直形冷凝管，真空接引管，三口烧瓶（100mL、250mL），恒压滴液漏斗，玻璃棒，磁力加热搅拌器，电热套。
(2) 试剂：乙醇钠，无水乙醇，正溴丁烷，碘化钾，乙酰乙酸乙酯，浓盐酸，二氯甲烷，无水硫酸镁，氢氧化钠，硫酸，氯化钙溶液。

【实验步骤】
(1) 正丁基乙酰乙酸乙酯的制备
在装有磁力搅拌器、冷凝管和恒压滴液漏斗的干燥250mL三口烧瓶中，加入10.2g乙醇钠、1g碘化钾、40mL无水乙醇以及19mL乙酰乙酸乙酯，塞住剩余的磨口并在冷凝管上方装上干燥管，加热溶解后保持反应液呈微沸状态15min，利用恒压滴液漏斗将19mL正溴丁烷滴入体系中，约15min加完，回流2h。稍冷后，去掉恒压滴液漏斗和回流冷凝管，改为蒸馏装置，简单蒸馏蒸出过量乙醇（40～50mL）。冷至室温，加入70mL 5%稀盐酸充分搅拌，将混合物转移至分液漏斗中，分去水层，洗涤，用无水硫酸钠干燥，滤除干燥剂，得正丁基乙酰乙酸乙酯粗品。

(2) 2-庚酮的制备

在 250mL 圆底烧瓶中加入 100mL 8%氢氧化钠水溶液和上一步中所获得的正丁基乙酰乙酸乙酯粗品，45～50℃下剧烈搅拌 2h。之后在搅拌下慢慢滴加 20%硫酸直至 pH 值为 2～3（约 20mL），搅拌至无二氧化碳气体放出后，进行简易水蒸气蒸馏，直至无油状物馏出为止[1]。在馏出液中加入颗粒状氢氧化钠，直至红色石蕊试纸呈碱性为止，分出有机层，用 10mL 饱和氯化钙水溶液洗涤后用无水硫酸镁干燥，得 2-庚酮粗品[2]。粗品经干燥的蒸馏装置蒸馏，收集 135～142℃/81.3kPa（150mmHg）或 145～152℃的馏分，即得 2-庚酮的无色到淡黄色透明液体，产量为 4～6mL。

实验需 8～10h。

注释

[1] 实验可分两个半天开展，如连续开展，第一步实验的粗品可不干燥。

[2] 注意加料时先加固体后加液体，远离热浴防止进水；注意萃取、洗涤等各操作的细节。

【思考题】

(1) 本实验为什么要加入碘化钾？

(2) 2-庚酮后处理过程为什么要加入氯化钙浓溶液再干燥？

实验48　植物生长调节剂的合成研究

2,3,5-三溴苯甲酸（2,3,5-tribromobenzoic acid）是一种植物生长调节剂（plant growth regulators），它的毒性低、使用量少、应用成本低，对作物具有明显调节作用和增产效果，所选用的原料廉价易得，制备工艺简单，反应温和，易于实施。

【实验目的】

(1) 学习溴化、重氮化的反应原理。

(2) 掌握 2,3,5-三溴苯甲酸的制备方法。

【实验原理】

邻氨基苯甲酸 $\xrightarrow[\text{HAc}]{\text{Br}_2}$ 3,5-二溴邻氨基苯甲酸 $\xrightarrow[\text{HCl}]{\text{NaNO}_2}$ 重氮盐 $\xrightarrow[\text{KBr}]{\text{CuBr}}$ 2,3,5-三溴苯甲酸

【主要仪器和试剂】

(1) 仪器：圆底烧瓶，滴液漏斗，布氏漏斗，抽滤瓶，三口烧瓶，温度计，恒温磁力搅拌器。

(2) 试剂：8g 邻氨基苯甲酸，160mL 乙酸，8mL 盐酸，6mL 液溴，2mol/L 碳酸钠，4g 浓硫酸，8g 溴化钾，4g 无水硫酸铜，0.8g 铜屑，1.26g 亚硝酸钠，40mL 1.4%氢氧化钠水溶液，48mL 乙醇。

【实验步骤】

(1) 3,5-二溴邻氨基苯甲酸的合成

称取邻氨基苯甲酸（$C_7H_7O_2N$）8g(0.058mol)，置于 250mL 圆底烧瓶中，加入 160mL 乙酸，打开恒温搅拌器，于室温下缓缓滴加液溴（Br_2）6mL(0.119mol)、8.73g 溴化钾和 19mL 蒸馏水所组成的溶液，约 40min 滴完。随着液溴的加入，产生的沉淀不断增多。滴加结束后，于室温搅拌 20min。然后抽滤，用冷水洗涤滤饼一次。干燥后得白色粉状固体，乙

酸滤液中加蒸馏水 80mL，再次析出固体。将两次得到的固体用 2mol/L 碳酸钠水溶液溶解，过滤除去不溶物。向滤液中滴定浓盐酸，调 pH 值至 1，过滤析出沉淀，干燥后得中间产物邻氨基 3,5-二溴苯甲酸。熔点为 238～238.5℃。

(2) 溴化亚铜溶液的配置

将浓硫酸 4g、溴化钾 8g、无水硫酸铜 4g 与 40mL 蒸馏水混合，置于烧瓶中，再加入 0.8g 铜屑，一起回流 50min 至溶液无色透明，取出待用。

(3) 2,3,5-三溴苯甲酸的合成

从溴化反应所得中间产物中取出 4g (0.014mol) 3,5-二溴邻氨基苯甲酸、1.26g (0.018mol) 亚硝酸钠和 40mL 1.4% 氢氧化钠水溶液溶解。在 250mL 三口烧瓶内加入 8mL 浓盐酸，放入冰盐浴，调节温度 0℃，慢慢滴加上述溶液 2h，保持反应温度在 0～5℃，将产生的重氮盐溶液转入滴定漏斗。把先前配制的溴化亚铜溶液放入另一个 250mL 三口烧瓶内，搅拌，滴加重氮化溶液，产生沉淀并伴有泡沫，滴加 30min 后，再回流 15min，冷却，过滤得到滤饼，用 48mL 的冷乙醇 (95%) 溶解滤饼，过滤得滤液，加 5 倍的蒸馏水，析出产物，再过滤，干燥，得到淡黄色松散的针状结晶。

【结构表征】

3,5-二溴邻氨基苯甲酸，熔点为 238～238.5℃；2,3,5-三溴苯甲酸，熔点为 192.5～193.5℃。

注意事项

重氮化反应不能按通常的加料顺序，因而采取二溴邻氨基苯甲酸的钠盐同亚硝酸钠一起溶解于水，再将水溶液慢慢滴加到浓盐酸中，这样能保证反应在均相中进行。

【参考文献】

[1] 李吉海. 植物生长调节剂 2,3,5-三溴苯甲酸的合成. 农药. 1987(4): 17.

[2] Cohen. J B. Chem. Soc. 1914: 504.

[3] Rosanoff. M. A. Am. Chem. Soc, 1908, 30: 1093.

实验 49　己二酸绿色合成方法的探索

现在工业上大都采用环己醇和环己酮为原料，以硝酸为氧化剂氧化制得己二酸。硝酸对设备腐蚀严重，产生的大量氮氧化物对环境造成污染，本实验的主要特点是不再使用有机溶剂作反应介质，避免使用硝酸作氧化剂对环境产生的污染。

【实验目的】

(1) 掌握环氧己烷氧化合成己二酸 (hexanedioic acid、adipic acid) 的方法。

(2) 了解绿色合成 (green synthesis) 的意义。

【实验原理】

$$\text{环己酮} \xrightarrow[H_3PW_{12}O_{40} \cdot nH_2O]{30\% H_2O_2} HOOC(CH_2)_4COOH$$

【主要仪器和试剂】

(1) 仪器：三口烧瓶，温度计，球形冷凝管，分液漏斗，布氏漏斗，抽滤瓶，恒温磁力搅拌器。

(2) 试剂：30mL 己二酸，30mL 1,2-二氯乙烷，10.10mL 环氧己烷，55mL 30% H_2O_2，1mmol 磷钨酸。

【实验步骤】

向 250mL 的烧瓶中加入 1mmol 的磷钨酸（$H_3PW_{12}O_{40} \cdot nH_2O$，200℃灼烧 16h），55mL 30% H_2O_2，室温下磁力搅拌 10min，加入 10.10mL(100mmol) 环氧己烷，将温度调到 92℃左右搅拌回流 6h，用约 80℃ 30mL 的 1,2-二氯乙烷趁热萃取，将水相冷却至 0℃，放置 12h，用布氏漏斗滤出结晶，用 30mL 0℃的饱和己二酸溶液洗涤，真空干燥后称重。产物是白色单斜晶体，熔点 149.8～152.7℃。

将合成的己二酸的红外光谱图（图 5-1）与标准样的红外光谱图对比，如果两者谱图一致，则确定产物为己二酸。

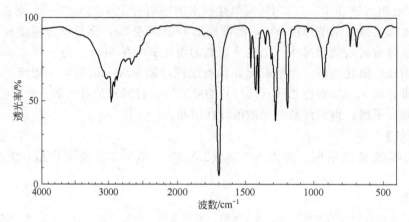

图 5-1 己二酸的红外光谱图

【参考文献】

Schindler G P. Appl. Catal. A: General [J]. 1998, 166: 267-279.

实验 50 用水作溶剂合成内消旋 3,3′-二吡咯戊烷的方法

吡咯及其衍生物在卟啉、材料科学、光学和药物学领域中都有很重要的作用，3,3′-二吡咯戊烷（meso-3,3′-dipyrropentane）的合成是以合成卟啉的方法为基础的。该化合物的传统合成方法是在高沸点的酸性溶剂中进行，经过改进后可以在高温气态下反应或用微波方法进行，但是需要小心地控制反应速率，否则很难使反应停留在二取代阶段。用水作溶剂可以克服这一缺点，使反应停留在二取代阶段。这样不但解决了反应速率的控制问题，而且更加环保。

【实验目的】

(1) 学习吡咯衍生物的合成方法。

(2) 掌握在水相中合成有机化合物的方法。

【实验原理】

卟啉合成通常采用醛酮与吡咯缩合来完成。在反应中，亲电试剂取代了芳香环上 α-位或 β-位的氢原子。如图 5-2 所示给出了通过两次 α-取代形成 3,3′-二吡咯戊烷的合成反应式。

【主要仪器和试剂】

(1) 仪器：三口烧瓶，球形冷凝管，恒压滴液漏斗，分液漏斗，烧杯，抽滤瓶，温度计。

(2) 试剂：3-戊酮 3.8mL (0.036mol)，吡咯 5mL (0.072mol)，蒸馏水，37% 盐酸，

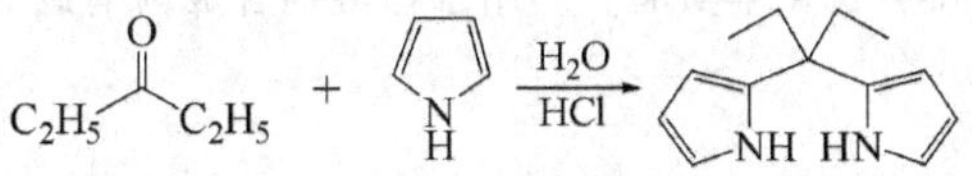

图 5-2　3,3′-二吡咯戊烷的合成反应式

无水硫酸镁，所用药品均为化学纯。

【实验步骤】

在 100mL 三口烧瓶上分别安装球形冷凝管和恒压滴液漏斗，在三口烧瓶中加入 75mL 水和 3.8mL(0.036mol)3-戊酮，加热至 90℃，使 3-戊酮与水充分混溶，然后加入 0.5mL 37%盐酸水溶液。在恒压滴液漏斗中加入新蒸的吡咯，边加热边慢慢滴加，然后回流 30～40min。反应结束后，自然冷却悬浮液至 40～50℃，将溶液倒入分液漏斗中，静置分层，将有机相和水相分开，分别冷却结晶，抽滤，干燥。产率约 60%。熔点为 107～109℃。

本实验的纯化可以让学生用柱色谱进行分离，条件让学生自己摸索。展开剂用石油醚和乙酸乙酯的混合溶剂。

注意事项

(1) 该反应使用了盐酸、吡咯、3-戊酮等有刺激性的物质，在实验过程中应避免这些物质直接与皮肤及眼睛接触。吡咯和 3-戊酮都是易燃易爆物质，不能与强碱、强氧化剂、还原剂同时使用。

(2) 有机相和水相的分离一定要彻底，否则抽滤时会出现抽不干的现象，给下一步干燥带来麻烦。分液后有机相很快就会析出晶体，而水相中晶体析出比较慢，抽滤后得到的晶体可用少量冷的吡咯洗涤。

(3) 酸的浓度对反应的影响比较大，需要严格控制。

(4) 在反应过程中，反应液颜色随温度变化比较明显，当温度在 90℃ 左右时，反应液呈黄色，低于 50℃ 时为墨绿色。分液时，温度不宜太低。

【思考题】

本实验中关键步骤是什么？如何控制反应条件才能使产率有保证？

3,3′-二吡咯戊烷的核磁共振谱图及结构如图 5-3 所示。

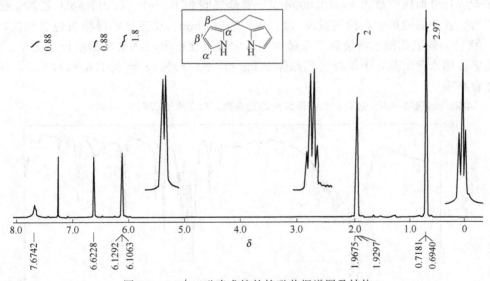

图 5-3　3,3′-二吡咯戊烷的核磁共振谱图及结构

【参考文献】

[1] Fuhrhop J H, Li G T. 有机合成——概念与方法. 张书圣，温永红，李英等译. 北京：化学工业出版社，2006.

[2] 林晨. 介绍一个基础有机化学实验——用水作溶剂合成内消旋 3,3′-二吡咯戊烷的方法. 大学化学, 2009, 24 (3): 49-52.

实验 51　微波作用下 2-甲基苯并咪唑的合成

微波（microwave）作为一种新型能量形式可用于许多有机化学反应，其反应速率可比传统加热反应快数倍乃至数千倍，具有操作简便、时间短、产率高、产品易纯化、对环境友好等优点。

咪唑类杂环化合物是一类重要的有机化学反应中间体，通过咪唑类的还原水解及其甲基碘盐与 Grignard 试剂的加成反应得到醛、酮、大环酮以及乙二胺衍生物等，为这类化合物的合成提供了新的合成方法。通常苯并咪唑类化合物是由邻苯二胺和羧酸为原料，加热回流得到。本实验将微波技术用于邻苯二胺和乙酸的缩合反应，提供了 2-甲基苯并咪唑的快速合成法。产率有大幅度的提高，适于在基础有机化学实验课程中开展。

【实验目的】
(1) 学习用微波辐射合成 2-甲基苯并咪唑（2-methylbenzimidazole）的方法。
(2) 了解微波作为一种新型能量形式在有机反应中的应用。

【实验原理】

$$\text{邻苯二胺} + CH_3COOH \xrightarrow{\text{微波}} \text{2-甲基苯并咪唑} + H_2O$$

【主要仪器和试剂】
(1) 仪器：微波炉（格兰仕，WD900SL23-2），锥形瓶，抽滤瓶，布氏漏斗。
(2) 试剂：邻苯二胺 1g（0.009mol），乙酸 1.0mL（0.017mol），10% 氢氧化钠。

【实验步骤】
在 50mL 锥形瓶中放入 1g（0.009mol）邻苯二胺和 1.0mL（0.017mol）乙酸，摇动混合均匀后，置于微波炉中，使用微波（162W）辐射 8min。反应完毕得淡黄色黏稠液，冷至室温。用 10% 氢氧化钠水溶液调节至碱性，有大量沉淀析出，冰水冷却使析出完全。抽滤，冷水洗涤，用水重结晶，干燥得无色晶体 1.0g（产率：85%），熔点 176~177℃。

注意事项
(1) 本实验辐射功率不宜过高，要用微波炉的低火挡，功率为 162W。

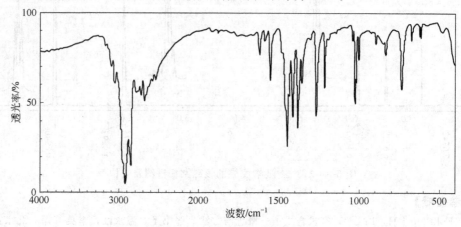

图 5-4　2-甲基苯并咪唑的红外谱图

(2) 反应时间以 6~10min 较佳。

【思考题】
(1) 微波辐射促进反应有哪些优点？
(2) 微波辐射促进反应适用于哪些反应？

【参考文献】
白银娟，路军. 推荐一个基础有机化学实验微波作用下 2-甲基苯并咪唑的合成. 唐山师范学院学报，2008 (5): 239-240.

2-甲基苯并咪唑的红外谱图及核磁共振谱图分别如图 5-4 和图 5-5 所示。

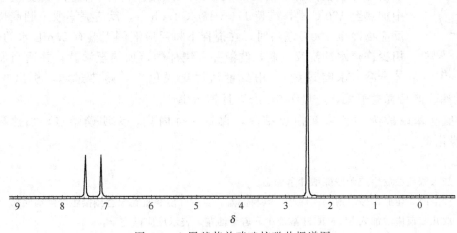

图 5-5　2-甲基苯并咪唑核磁共振谱图

实验 52　对氨基苯磺酸的微型合成实验

对氨基苯磺酸（sodium sulfanilate）俗称磺胺酸，是生产偶氮、酸性、活性等染料的中间体，广泛用作生产染料、香精、食品色素、医药、橡胶、农药的原料。用于合成酸性嫩黄 2G、酸性橙 Ⅱ、酸性媒介深黄、活性红 KP-5B 等品种。还可用作防治小麦锈病的农药，称为敌锈钠，对小麦锈病有内吸治疗作用。首先由苯胺与浓硫酸反应制得苯胺硫酸盐，经加热后发生重排生成对氨基苯磺酸。由于温度的不同会生成对氨基苯磺酸、邻氨基苯磺酸和间氨基苯磺酸，控制转位温度可以有选择地得到不同的氨基苯磺酸。

【实验目的】
(1) 了解合成对氨基苯磺酸的原理和方法。
(2) 掌握磺化反应，学习重结晶等实验操作。
(3) 学习有机化合物的微型合成（miniaturization synthesis）方法。

【实验原理】
室温下芳香胺与浓 H_2SO_4 混合生成 N-磺基化合物，然后加热转化为对氨基苯磺酸，反应式如下：

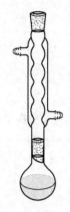

图 5-6 实验装置图

【主要仪器和试剂】

（1）仪器：圆底烧瓶，烧杯，冷凝管，量筒，抽滤瓶，布氏漏斗，玻璃棒，温度计。

（2）试剂：浓 H_2SO_4 4mL（0.07mol），苯胺 2mL（0.02mol），5% NaOH，浓盐酸，活性炭。

【实验步骤】

装置如图 5-6 所示，在圆底烧瓶中加入 2mL 新蒸馏的苯胺，烧瓶用冷水浴冷却，在振荡下慢慢加入 4mL 浓硫酸[1]，然后将圆底烧瓶埋在沙浴中加热至170℃[2]，维持 170～180℃ 1.5h[3]，反应完毕取出圆底烧瓶，待反应物冷至100℃左右时，在搅拌下将反应液倒入盛有 20mL 水的烧杯中，用少许热水冲洗反应瓶，洗液并入烧杯中，加热至沸腾，并适当加水使固体全溶（水略过量），用少量活性炭脱色[4]，趁热过滤，析出灰白色结晶[5]。抽滤、产品真空干燥，产量 1.5～2g，计算产率。

纯对氨基苯磺酸为白色或灰白色结晶，它是一种内盐，无明确熔点，加热到 280～290℃ 则炭化。

注释

[1] 加入浓硫酸后生成苯胺硫酸盐呈固态。

[2] 沙浴时，应底部砂层薄，四周厚，以利保温。切不可使烧瓶底部直接接触沙浴锅底部。

[3] 取几滴反应液加入 5%NaOH 溶液中，若无油花，表示反应已完全。

[4] 不要将活性炭加入到沸腾的溶液中，否则，沸腾的滤液会溢出容器外。因此，加活性炭时一定要停止加热，并适当降低溶液的温度。

[5] 可冷却结晶，抽滤后把粗产物用水重结晶；也可把粗产物溶于 5%NaOH 水溶液中，使生成对氨基苯磺酸钠溶于水，然后脱色过滤，把滤液用 1+1 盐酸酸化，使结晶析出；亦可按本实验操作直接脱色结晶。

【思考题】

（1）在什么情况下使用沙浴加热？使用沙浴时要注意什么？

（2）利用什么性质除去对氨基苯磺酸中的邻位衍生物？

（3）重结晶是经常用的基本操作，请从兼顾产量和质量两方面要求，叙述做好重结晶的注意点。

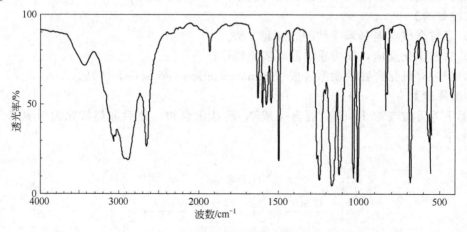

图 5-7 对氨基苯磺酸的红外谱图

【参考文献】

[1] 顾炳鸿. 半微量有机制备实验. 天津:天津科学技术出版社, 1990, 51-53.
[2] 陈年友, 赵胜芳, 吴自清. 对氨基苯磺酸的微波合成. 化学世界, 2004, (8), 428-429.

对氨基苯磺酸的红外谱图和核磁共振谱图分别如图5-7和图5-8所示。

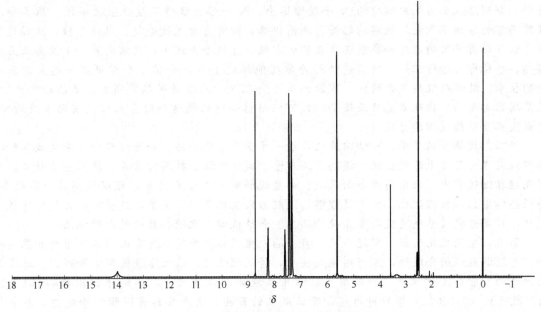

图5-8 对氨基苯磺酸的核磁共振谱图

【阅读材料】 利用化工节能新技术实现多晶硅绿色制造

目前多晶硅生产面临着降低能耗、减少污染、提高质量、扩大产量四大难题。目前我国太阳能硅材料行业绝大部分依赖进口,因此必须提高技术改变受制于人的局面。太阳能光伏产业链包括晶体硅原料生产、硅棒与硅片生产、太阳能电池制造、组件封装、光伏产品生产和光伏发电系统等环节。其中硅原料是最重要的生产环节,在业界曾有"拥硅者为王"的说法。目前,世界上太阳能光伏电池90%以上是以单晶硅或多晶硅为原材料生产的。

在全球光伏产业链中,高纯度硅料不仅要求硅的纯度高达7~9个9,而且其中的硼、磷等杂质限制在10^{-11}数量级,它是光伏企业生产太阳能电池所需的核心原料。因此,高纯度硅料的合成、精制、提纯、生产也就成为光伏产业集群中最上游的产业。目前,尽管中国的硅原料矿藏储量占世界总储量的25%,但是国内太阳能电池生产企业(如尚德、天威英利等)所需原材料绝大部分需要从国外进口。这是因为用于太阳能电池生产的硅料主要是通过不同的提炼方式从硅原料中提炼而成的单晶硅和多晶硅。在中国,现有的高纯度硅原料生产技术与西方发达国家相比,在产量和能耗等方面尚有不足之处。如此一来,这不仅大大增加企业的生产成本,更成为制约当前我国光伏产业向上游环节发展难以逾越的"瓶颈",使我们国家用很低的价格卖出高能耗、高污染的粗原料的同时,用极高的价格购回高纯硅料。

1. 精馏节能技术降低能耗综合利用减少污染

现代化工过程对节能工作非常重视,国外投入大量人力物力进行节能技术的开发,节能新技术、新工艺、新措施、新方法不断问世。我国的多晶硅生产,在采用化工上已经成熟的先进技术后,将不再是"高能耗、高污染"产业,而是"绿色的阳光事业"。对多晶硅精馏过程进行研究,在运用精馏节能技术对其进行分析后,可以从以下几个方面来实现节能。

第一,实行多效精馏,使能量得到充分利用。多效精馏是将原料分成大致相等的 N 股进料,分别送入压力依次递增的 N 个精馏塔中,N 个塔的操作温度也依次递增。压力和温度较高塔的塔顶蒸气向较低塔的塔釜再沸器供热,同时自身也被冷凝,以此类推,这样就节省了低压塔再沸器的能耗和高压塔冷凝器的水耗。在这个系统中,只需向第一个最高压力塔供热,系统即可进行工作,所需能量约为单塔能耗的 $1/N$,如将三个塔串在一起采用三效精馏技术,其能耗仅用原来的 $1/3$,节能幅度达到 67%,节能效果非常明显。多晶硅生产中,很多塔器都是为了提纯多晶硅而设置的,可以根据合理的能量和温差匹配,实现多效精馏,达到大幅度节能减排的目的。

第二,提高分离效率,降低回流比,进一步实现节能降耗。分离过程中,分离效率的提高可以在很大程度上降低能耗、提高产品质量、减少排放、提高回收率、提高企业效益。在多晶硅精馏过程中,采用高效导向筛板、新型填料等新型分离设备,可以提高其分离效率,降低精馏塔的操作回流比,由于精馏塔的能耗与回流比呈线性关系,这样就成比例地降低了能耗。提高分离效率也是提高多晶硅产品质量和降低四氯化硅排放的最有效方法。

第三,全面优化流程,实现节能。将多晶硅生产各股物料进行全面的物料平衡和能量平衡,考察其能耗的合理性,采用热集成技术,将流程优化,最大限度地节能降耗。通过贯穿生产线的节能和清洁生产,并在生产过程中实现闭环清洁生产,达到降低能耗和 Si(硅)、H_2(氢气)、Cl_2(氯气)等原料消耗,降低成本的目的,使产品具有国际竞争能力,质量符合目前和未来超大规模集成电路和太阳能电池的要求。

此外,多晶硅生产过程中产生大量的 $SiCl_4$(四氯化硅)、SiH_2Cl_2(二氯二氢硅)、$SiHCl_3$(三氯氢硅)等氯硅烷副产物,使生产成本居高不下,部分氯硅烷及氯化氢进入尾气排放系统,既增加了尾气处理成本,也增大了污染物的排放量,废水中的氯离子浓度达1700~2500mg/L。如何有效地解决氯硅烷副产物的出路是降低多晶硅生产成本、实现节能减排的关键,也是现在多晶硅生产企业面临的重大技术难题。

2. 提高光电转换效率降低生产成本

提高光伏材料的转换效率和降低太阳电池的制造成本是光伏工业一直追求的两个目标。多晶硅硅片是太阳能光伏电池的核心部分,硅片的质量对于太阳能的光电转化率起着至关重要的作用。一般情况下,普通太阳能光伏电池的光电转化率为 $10\%\sim14\%$,而高纯度硅片的太阳能光伏电池转化率可达 16%,甚至更高,因此,对于太阳能电池的生产过程来说,多晶硅的生产更加至关重要。

从冶金级硅生产半导体级多晶硅有两个主要的方法:改良西门子法和硅烷法。在其生产过程中,多级精馏技术及其设备至关重要,通过新型的化工精馏设备及相关精馏技术可以提高最终产物超纯硅的质量。

我们注意到近几年由于各国政府推进政策的支持,下游光伏产业增长迅速,而上游由于扩产的大规模投入及时间问题,多晶硅供应量明显不足,因此供需不平衡导致多晶硅价格持续上涨。

3. 多晶硅材料是整个光伏发电成本中最高的部分

在大多数国内光伏企业中,硅材料的成本占到了太阳能电池总生产成本的 56.2% 以上,约占并网光伏发电系统成本的 30%。因此,进一步地降低成本,提高多晶硅材料的市场竞争力,对推动整个光伏产业链的发展有着很重要的作用。主要应对方法有:①引入新型的分离传质设备,如北京化工大学的高效导向筛板塔和填料塔对加速多晶硅生产精馏过程的一体化并实现闭环清洁生产有着很大的促进作用;②通过引入新型精馏装置从而提高多晶硅产量，实现多晶硅生产的大型化；③开发和应用大型合成炉和还原炉。

目前，85%以上的太阳能电池都是用晶硅片制成的，在未来相当一段时间内还不可能有其他材料可以完全替代硅材料来制作太阳能电池。多晶硅产品纯度高，工艺要求严格，行业技术进步快，研究费用投入大，生产中的副产物和三废处理投入较大，产业链和规模效应明显。国内多晶硅厂家今后也会在人才、生产成本、产品质量和价格等方面面临严峻挑战。

附 录

附录1 常用元素的原子量

元素名称	相对原子质量	元素名称	相对原子质量
银 Ag	107.868	碘 I	126.9045
铝 Al	26.98154	钾 K	39.098
溴 Br	79.904	镁 Mg	24.305
碳 C	12.011	锰 Mn	54.9380
钙 Ca	40.078	氮 N	14.0067
氯 Cl	35.453	钠 Na	22.9898
铬 Cr	51.996	氧 O	15.9994
铜 Cu	63.546	磷 P	30.97376
氟 F	18.9984	铅 Pb	207.2
铁 Fe	55.845	硫 S	32.065
氢 H	1.0079	锡 Sn	118.710
汞 Hg	200.59	锌 Zn	65.409

附录2 常见的二元共沸物的组成

共沸物		各组分沸点/℃		共沸物性质	
A组分	B组分	A组分	B组分	沸点/℃	组分(A组分质量分数)
乙醇	水	78.5	100.0	78.2	95.6
正丙醇	水	97.2	100.0	88.1	71.8
正丁醇	水	117.7	100.0	93.0	55.5
糠醛	水	161.5	100.0	97.0	35.0
苯	水	80.1	100.0	69.4	91.1
甲苯	水	110.6	100.0	85.0	79.8
环己烷	水	81.4	100.0	69.8	91.5
甲酸	水	100.7	100.0	107.1	77.5
苯	乙醇	80.1	78.5	67.8	67.6
甲苯	乙醇	110.6	78.5	76.7	32.0
乙酸乙酯	乙醇	77.1	78.5	71.8	69.0
四氯化碳	丙酮	76.8	56.2	56.1	11.5
苯	醋酸	80.1	118.1	80.1	98.0
甲苯	醋酸	110.6	118.1	105.4	72.0

附录3　常见的三元共沸物组成表

共沸物			各组分沸点/℃			共沸物性质			
A组分	B组分	C组分	A组分	B组分	C组分	沸点/℃	A组分	B组分	C组分
水	乙醇	苯	100.0	78.5	80.1	64.6	7.4	18.5	74.1
水	乙醇	乙酸乙酯	100.0	78.5	77.1	70.2	9.0	8.4	82.6
水	丙醇	乙酸丙酯	100.0	97.2	101.6	82.2	21.0	19.5	59.6
水	丙醇	丙醚	100.0	97.2	91.0	74.8	11.7	20.2	68.1
水	异丙醇	甲苯	100.0	82.3	110.6	76.3	13.1	38.2	48.7
水	丁醇	乙酸丁酯	100.0	117.7	126.5	90.7	29	8	63
水	丁醇	丁醚	100.0	117.7	142.0	90.6	29.9	34.6	34.5
水	丙酮	氯仿	100.0	56.2	61.2	60.4	4.0	38.4	57.6
水	乙醇	四氯化碳	100.0	78.5	76.8	61.8	3.4	10.3	86.3
水	乙醇	氯仿	100.0	78.5	61.2	55.2	3.5	4.0	92.5

附录4　常用酸和碱的性质

溶液	相对密度 d_4^{20}	$w/\%$	$c/(\text{mol/L})$	$s/(\text{g}/100\text{mL})$
浓盐酸	1.19	37	12.0	44.0
恒沸点盐酸(252mL 浓盐酸＋200mL 水),沸点110℃	1.10	20.2	6.1	22.2
10%盐酸(100mL 浓盐酸＋320mL 水)	1.05	10	2.9	10.5
5%盐酸(50mL 浓盐酸＋380.5mL 水)	1.03	5	1.4	5.2
1mol/L 盐酸(41.5mL 浓盐酸稀释到500mL)	1.02	3.6	1	3.6
恒沸点氢溴酸(沸点126℃)	1.49	47.5	8.8	70.7
恒沸点氢碘酸(沸点127℃)	1.7	57	7.6	97
浓硫酸	1.84	96	18	177
10%硫酸(25mL 浓硫酸＋398mL 水)	1.07	10	1.1	10.7
0.5mol/L 硫酸(13.9mL 浓硫酸稀释到500mL)	1.03	4.7	0.5	4.9
浓硝酸	1.42	71	16	101
10%氢氧化钠	1.31	10	2.8	11.1
浓氨水	0.9	28.4	15	25.9

附录5　常用酸碱溶液的相对密度及组成

(1)盐酸

$w(\text{HCl})/\%$	相对密度 d_4^{20}	$m(\text{HCl})$ /(g/100mL 溶液)	$w(\text{HCl})/\%$	相对密度 d_4^{20}	$m(\text{HCl})$ /(g/100mL 溶液)
1	1.0032	1.003	22	1.1083	24.38
2	1.0082	2.006	24	1.1187	26.85
4	1.0181	4.007	26	1.1290	29.35
6	1.0279	6.167	28	1.1392	31.90
8	1.0376	8.301	30	1.1492	34.48
10	1.0474	10.47	32	1.1593	37.10
12	1.0574	12.69	34	1.1691	39.75
14	1.0675	14.95	36	1.1789	42.44
16	1.0766	17.24	38	1.1885	45.16
18	1.0878	19.58	40	1.1980	47.92
20	1.0980	21.96			

续表

(2)硫酸

$w(H_2SO_4)$/%	相对密度 d_4^{20}	$m(H_2SO_4)$ /(g/100mL 溶液)	$w(H_2SO_4)$/%	相对密度 d_4^{20}	$m(H_2SO_4)$ /(g/100mL 溶液)
1	1.0051	1.005	65	1.5533	101.0
2	1.0118	2.024	70	1.6105	112.7
3	1.0184	3.056	75	1.6692	125.2
4	1.0250	4.100	80	1.7272	138.2
5	1.0317	5.169	85	1.7786	151.2
10	1.0661	10.66	90	1.8144	163.3
15	1.1020	16.53	91	1.8195	165.6
20	1.1397	22.78	92	1.8240	167.8
25	1.1783	29.46	93	1.8279	170.2
30	1.2185	36.56	94	1.8312	172.1
35	1.2599	44.10	95	1.8337	174.2
40	1.3028	52.11	96	1.8355	176.2
45	1.3476	60.64	97	1.8364	178.1
50	1.3951	69.76	98	1.8361	179.9
55	1.4453	79.49	99	1.8342	181.6
60	1.4983	89.90	100	1.8305	183.1

(3)乙酸

$w(CH_3CO_2H)$/%	相对密度 d_4^{20}	$m(CH_3CO_2H)$ /(g/100mL 溶液)	$w(CH_3CO_2H)$/%	相对密度 d_4^{20}	$m(CH_3CO_2H)$ /(g/100mL 溶液)
1	0.9996	0.9996	65	1.0666	69.33
2	1.0012	2.002	70	1.0685	74.80
3	1.0025	3.008	75	1.0696	80.22
4	1.0040	4.016	80	1.0700	85.60
5	1.0055	5.028	85	1.0689	90.86
10	1.0125	10.13	90	1.0661	95.95
15	1.0195	15.29	91	1.0652	96.93
20	1.0263	20.53	92	1.0643	97.92
25	1.0326	25.82	93	1.0632	98.88
30	1.0384	31.15	94	1.0619	99.82
35	1.0438	36.53	95	1.0605	100.7
40	1.0488	41.95	96	1.0588	101.6
45	1.0534	47.40	97	1.0570	102.5
50	1.0575	52.88	98	1.0549	103.4
55	1.0611	58.36	99	1.0524	104.2
60	1.0642	63.85	100	1.0498	105.0

(4)氢氧化钠

$w(NaOH)$/%	相对密度 d_4^{20}	$m(NaOH)$ /(g/100mL 溶液)	$w(NaOH)$/%	相对密度 d_4^{20}	$m(NaOH)$ /(g/100mL 溶液)
1	1.0095	1.010	26	1.2848	33.40
2	1.0207	2.041	28	1.3064	36.58
4	1.0428	4.171	30	1.3279	39.84
6	1.0648	6.389	32	1.3490	43.17
8	1.0869	8.695	34	1.3696	46.57
10	1.1089	11.09	36	1.3900	50.04
12	1.1309	13.57	38	1.4101	53.58
14	1.1530	16.14	40	1.4300	57.20
16	1.1751	18.80	42	1.4494	60.87
18	1.1972	21.55	44	1.4685	64.61
20	1.2191	24.38	46	1.4873	68.42
22	1.2411	27.30	48	1.5065	72.31
24	1.2629	30.31	50	1.5253	76.27

续表

(5)氢氧化钾

$w(KOH)/\%$	相对密度 d_4^{20}	$m(KOH)$ /(g/100mL 溶液)	$w(KOH)/\%$	相对密度 d_4^{20}	$m(KOH)$ /(g/100mL 溶液)
1	1.0083	1.008	28	1.2695	35.55
2	1.0175	2.035	30	1.2905	38.72
4	1.0359	4.144	32	1.3117	42.97
6	1.0544	6.326	34	1.3331	45.33
8	1.0730	8.584	36	1.3549	48.78
10	1.0918	10.92	38	1.3765	52.32
12	1.1108	13.33	40	1.3991	55.96
14	1.1299	15.82	42	1.4215	59.70
16	1.1493	19.70	44	1.4443	63.55
18	1.1688	21.01	46	1.4673	67.50
20	1.1884	23.77	48	1.4907	71.55
22	1.2083	20.58	50	1.5143	75.72
24	1.2285	29.48	52	1.5382	79.99
26	1.2498	32.47			

(6)碳酸钠

$w(Na_2CO_3)/\%$	相对密度 d_4^{20}	$m(Na_2CO_3)$ /(g/100mL 溶液)	$w(Na_2CO_3)/\%$	相对密度 d_4^{20}	$m(Na_2CO_3)$ /(g/100mL 溶液)
1	1.0086	1.009	12	1.1244	13.49
2	1.0190	2.038	14	1.1463	16.05
4	1.0398	4.159	16	1.1682	18.50
6	1.0606	6.364	18	1.1905	21.32
8	1.0816	8.653	20	1.2132	24.26
10	1.1029	11.03			

附录6 常见有机物的物理常数

名称	化学式	分子量	折射率	相对密度	熔点/℃	沸点/℃	溶解度 水中	溶解度 乙醇中	溶解度 乙醚中
氯仿	$CHCl_3$	119.38	1.4459	1.4832	−63.5	61.7	0.82^{20}	∞	∞
甲醛	$HCHO$	30.03		0.815^{20}	−92	−21	s	s	∞
甲酸	$HCOOH$	46.03	1.3714	1.220	8.4	100.8	∞	∞	∞
一氯甲烷	CH_3Cl	50.49	1.3389	0.9159	−97.73	−24.2	2.80^{15}_{mL}	3500^{20}_{mL}	4000^{20}_{mL}
甲醇	CH_3OH	32.04	1.3288	0.792	−93.9	64.96	∞	∞	∞
四氯化碳	CCl_4	153.82	1.4601	1.5940	−22.99	76.54	难溶	s	∞
乙酸	CH_3COOH	60.05	1.3716	1.049	16.6	117.9	∞	∞	∞
乙醇	CH_3CH_2OH	46.07	1.3611	0.7893	−117.3	78.5	∞	∞	∞
丙酮	CH_3COCH_3	58.08	1.3588	0.7899	−95.35	56.5	∞	∞	∞
正丙醇	$C_2H_5CH_2OH$	60.11	1.3850	0.8035	−126.5	97.4	∞	∞	∞
异丙醇	$CH_3CH(OH)CH_3$	60.11	1.3776	0.7855	−89.5	82.4	∞	∞	∞
N,N-二甲基甲酰胺	$HCON(CH_3)_2$	73.09	1.4305	0.9187	−60.48	149～156	∞	∞	∞
甘油	$CH_2OHCHOHCH_2OH$	92.11	1.4746	1.2613	20	290	∞	∞	i
乙酸酐	$(CH_3CO)_2O$	102.09	1.3901	1.082	−73.1	140.0	冷 12; 热分解	∞;热分解	∞

续表

名称	化学式	分子量	折射率	相对密度	熔点/℃	沸点/℃	溶解度 水中	溶解度 乙醇中	溶解度 乙醚中
乙酸乙酯	$CH_3CO_2C_2H_5$	88.12	1.3723	0.9003	−83.58	77.06	8.5^{15}	∞	∞
1-溴丁烷	$CH_3(CH_2)_3Br$	137.03	1.4401	1.2758	−112.4	101.6	0.06^{15}	∞	∞
正丁醇	$CH_3(CH_2)_3OH$	74.12	1.3993	0.8098	−89.53	117.3	9^{15}	∞	∞
异丁醇	$(CH_3)_2CHCH_2OH$	74.12	$1.3968^{17,2}$	0.802	−108	108.1	10^{15}	∞	∞
仲丁醇	$CH_3CHOHC_2H_5$	74.12	1.3978	0.8063	−114.7	99.5	12.5^{20}	∞	∞
叔丁醇	$(CH_3)_3COH$	74.12	1.3878	0.7887	25.5	82.2	∞	∞	∞
乙醚	$(C_2H_5)_2O$	74.12	1.3526	0.7138	−116.2	34.5	7.5^{20}	∞	∞,∞氯仿
呋喃		68.08	1.4214	0.9514	−85.65	31.36	难溶	s	s
四氢呋喃		72.12	1.4050	0.8892	−108.56	67	s	s	s
1,2-二氯乙烷	$ClCH_2CH_2Cl$	98.96	1.4448	1.2351	−35.36	83.47	0.9^{30}	s	∞
甲基叔丁基醚	$CH_3OCH(CH_3)_2$	88.15	1.3690	0.7405	−109	55.2	s	s	s
苯	C_6H_6	78.12	1.5011	0.8787	5.5	80.1	0.07^{22}	∞绝对	∞
环己烷	C_6H_{12}	84.16	1.4266	0.7786	6.55	80.74	i	∞	∞
环己烯	C_6H_{10}	82.15	1.4465	0.8102	−103.5	83.0	极难溶解	∞	∞
氯苯	C_6H_5Cl	112.56	1.5241	1.1058	−45.6	132.0	0.049^{20}	∞	∞,∞苯
苯胺	$C_6H_5NH_2$	93.12	1.5863	1.0217	−6.3	184.1	3.6^{18}	∞	∞
乙酰乙酸乙酯	$CH_3COCH_2CO_2C_2H_5$	130.15	1.4194	1.0282	<−80	180.4	13^{17}	∞	∞,∞氯仿
环己醇	$C_6H_{12}O$	100.16	1.4641	0.9624	25.15	161.1	3.6^{20}	s	s
环己酮	$C_6H_{10}O$	98.15	1.4507	0.9478	−16.4	155.65	s	s	s
三乙胺	$(C_2H_5)_3N$	101.19	1.4010	0.7275	−114.7	89.3	s	s	s
甲苯	$C_6H_5CH_3$	92.15	1.4961	1.8669	−95	110.6	i	绝对∞	∞
苯甲醛	C_6H_5CHO	106.13	1.5463	1.0415	−26	178.1	0.3	∞	∞
苯甲酸	$C_6H_5CO_2H$	122.12	1.504^{132}	1.2659	122.4	249.6	$0.21^{17.5}$	46.6^{15} 绝对	66^{16}
水杨酸	$C_7H_6O_3$	138.12	1.565	1.443	159 升华	211^{20}	0.16^{4} 2.6^{75}	49.6^{15} 绝对	50.5^{15}
丙二酸二乙酯	$CH_2(COOC_2H_5)_2$	160.17	1.4139	1.0551	−48.9	199.3	2.08^{20}	∞	∞
苄氯	$C_6H_5CH_2Cl$	126.59	1.5391	1.1002	−39	179.3	i	∞	∞,∞氯仿
苯甲胺	$C_6H_5CH_2NH_2$	107.16	1.5401	0.9813		185	∞	∞	∞
苯甲醇	$C_6H_5CH_2OH$	108.15	1.5396	1.0419	−15.3	205.35	4^{17}	s	s
对甲苯磺酸	$p\text{-}CH_3C_5H_4SO_3H$	172.21			104~105	140^{20}	s	s	s
N,N-二甲基苯胺	$C_6H_5N(CH_3)_2$	121.18	1.5582	0.9557	2.45	194.15	i	s	s
乙酸正丁酯	$C_6H_{12}O_2$	116.16	1.3941	0.8825	−77.9	126.5	0.7	∞	∞

续表

名称	化学式	分子量	折射率	相对密度	熔点/℃	沸点/℃	溶解度 水中	溶解度 乙醇中	溶解度 乙醚中
乙酰苯胺	$C_6H_5NHCOCH_3$	135.17		1.219^{15}	114.3	304	0.56^6	21^{20} 46^{60}	7^{25}
肉桂酸(反式)	$C_6H_5(CH)_2CO_2H$	148.15		1.2475^{14}_4	135.6	300	0.04^{18}	24^{20}绝对	s
苯甲酸乙酯	$C_6H_5CO_2C_2H_5$	150.18	1.5057	1.0468	−34.6	213	i	s	∞

注：1. 折射率：如未特别说明，一般表示为 n_D^{20}，即以钠光灯为光源，20℃时所测得的 n 值。
2. 相对密度：如未特别注明，一般表示为 d_4^{20}，即表示物质在20℃时相对于4℃的水的相对密度，气体的相对密度表明物质对空气的相对密度。
3. 沸点：如不注明压力，指常压（101.3kPa，760mmHg）下的沸点，140^{20} 表示在20mmHg压力下沸点为140℃。
4. 溶解度：数字为每100份溶剂中溶解该化合物的份数，右上角的数字为摄氏温度，如气体的溶解度为 2.80^{16}_{mL}，表明在16℃时100g溶剂溶解该气体2.80mL。s：可溶，i：不溶，sl：微溶，∞混溶（可以任意比例相溶）。

附录7　常见有机化合物的毒性

名称	急性毒性(大鼠 LD_{50})	MAK[3]/(mg/m³)	TLV[4]/(mg/m³)
乙腈	200～453(or)[1]	70	70
乙醛	1930(口服)，LC_{50} 36	100	180
乙醇	13660(or)，60(p.i.)[2]	1000	1900
甲醇	12880(or)，200(p.i.,LD_{100})	50	9
甲醛	800(or)，200(p.i.,LD_{100})	5	3
乙醚	300(p.i.)	500	400
二氯甲烷	1600(or)	1750	1740
氯仿	2180(or)	200	240
四氯化碳	>500(or)，150(p.i.)1280(小鼠经口)	50	65
二甲苯(混合物)	2000～4300(or)	870	435
二硫化碳	300(or)	30	60
丙酮	9750(or)，300(p.i.)，	2400	2400
甲苯	1000(or)	750	375
醋酸	3300(or)	25	25
醋酐	1780(or)	20	20
乙酸乙酯	5620(or)	1400	1400
四氢呋喃	65(p.i)(小鼠)	200	590
环氧乙烷	330(or)	90	90
二噁烷	6000(or)，300(p.i,LD_{100})	200	360
环己烷	5500(or)	1400	1050
环己酮	2000(or)	200	200
苯	5700(or)，51(p.i.)	50	80
吡啶	1580(or)，12(p.i.LD_{100})	10	15
硝基苯	500(or)	5	5
苯酚	530(or)	20	19

[1] or 为经口 (mg/kg)。
[2] p.i. 为每次吸入量（数字表示 mg/m³ 空气），无特殊注明者所用实验动物皆为大鼠。
[3] MAK为德国采用的车间空气中，化学物质的最高允许浓度。
[4] TLV为1973年美国采用的车间空气中，化学物质的阈限值。

附录8 各种气体和蒸气在空气中的爆炸极限

化学物质	爆炸极限(体积分数)/%		化学物质	爆炸极限(体积分数)/%	
	下限	上限		下限	上限
氨	15	28	己二酸	1.6	—
硫	2.0	—	异戊亚硝酸	1.0	—
一氧化碳	12.5	74	亚硝基乙烯	3.0	50
氢氰酸	5.6	40	乙酰基丙酮	1.7	—
乙硼	0.8	88	异丁烯	1.8	9.6
氘	4.9	75	异丙醇	2.2	—
氢	4.0	75	异丙醚	1.4	7.9
十烷硼	0.2	—	丙基苯	0.6	—
联氨	4.7	100	异戊烷	1.4	—
戊硼	0.42	—	乙烷	3.0	12.4
乙炔	2.5	100	乙醇	3.3	19
乙醛	4.0	60	乙胺	3.5	—
乙酰基苯胺缩乙醛	1.6	10	乙二醚	1.9	36
丙酮	2.6	13	环己烷	1.2	7.7
2-甲基-2羟基丙腈	2.2	12	环己醇	1.0	9.0
苯胺	1.2	8.3	环己酮	1.1	9.4
邻氨基苯	0.66	4.1	乙丙醚	1.7	9
戊醇	1.4	—	乙苯	1.0	6.7
戊醚	0.7	—	甲乙醚	2.2	—
丙胺	2.2	22	甲乙酮	1.9	10
丙醇	2.5	18	乙基硫醇	2.8	18
过氧化氢	4.0	44	乙烯	2.7	82
丙烯腈	3.0	—	乙胺	3.6	46
丙烯醇	2.8	31	氧化乙烯	3.6	100
安息香酸	0.7	—	甘醇	3.5	—
蒽	0.65	—	2-羟基丁醛	2.0	—
异戊醇	1.4	9.0	丙二烯	2.16	—

附录9 有机化学实验常用资料文献与网络资源

1. 常用工具书

（1）章思规，辛忠主编．精细化学品制备手册．科学技术文献出版社，1994。

（2）Handbook of Chemistry and Physics，这是美国化学橡胶公司出版的一本（英文）化学与物理手册。

（3）Aldrich，美国 Aldrich 化学试剂公司出版，这是一本化学试剂目录，它收集了1.8万余个化合物。

（4）Acros catalogue of fine chemicals，Acros 公司的化学试剂手册，与 Aldrich 类似，也是化学试剂目录。

（5）The Merk Index，9th. Ed.，它是一本非常详尽的化工工具书。

（6）Dictionary of Organic Compounds，6th Ed. 本书收集常见的有机化合物近3万条，

连同衍生物在内共约 6 万余条。

(7) Beilstein Handbuch der Organiscben Chemie（贝尔斯坦有机化学大全），贝尔斯坦有机化学大全从性质上讲是一个手册，它是从期刊、会议论文集和专利等方面收集有确定结构的有机化合物的最新资料汇编成的。

(8) Organic Synthesis，本书主要介绍各种有机化合物的制备方法，也介绍了一些有用的无机试剂制备方法。

(9) Organic Reactions，本书由 R. Adams 主编，书中对有机反应的机理、应用范围、反应条件等都做了详尽的讨论，并用图表指出在这个反应的研究工作中做过哪些工作。

(10) B. S. Furniss, A. J. Hannaford, P. W. G. Smith, A. R. Tachell. Text Book of Practical Organic Chemistry, 5th. Ed. Longman scientific & technical, 1989。

2. 常用期刊文献

中国科学，科学通报，化学学报，高等学校化学学报，有机化学，化学通报，Journal of Chemical Society, Journal of the American Chemical Society, Journal of the Organic Chemistry, Chemical Reviews, Tetrahedron, Tetrahedron letters, Synthesis, Journal of Organmetallic Chemistry, Chemical Abstracts。

3. 网络资源

(1) 美国化学学会（ACS）数据库（http://pubs.acs.org）。

(2) 英国皇家化学学会（RSC）期刊及数据库（http://www.rsc.org）。

(3) Belstein/Gmelin Crossfire 数据库（http://www.mdli.com/products/products.html）。

(4) 美国专利商标局网站数据库（http://www.uspto.gov）。

(5) John Wiley 电子期刊（http://www.interscience.wiley.com）。

(6) Elsevier Science 电子期刊全文库（http://www.sciencedirect.com）。

清华大学与荷兰 Elsevier Science 公司合作在清华图书馆已设立镜像服务器，访问网址：http://elsevier.lib.tsinghua.edu.cn。

(7) 中国期刊全文数据库（http://www.cnki.net）。

(8) 中国化学、有机化学、化学学报联合网站（http://sioc-journal.cn/index.html）。

主要参考文献

[1] 袁华等. 有机化学实验. 北京：化学工业出版社，2008.
[2] 郭书好. 有机化学实验. 第2版. 武汉：华中科技大学出版社，2008.
[3] 高占先. 有机化学实验. 第4版. 北京：高等教育出版社，2007.
[4] 李妙葵等. 大学有机化学实验. 上海：复旦大学出版社，2006.
[5] 李秋荣等. 有机化学及实验. 北京：化学工业出版社，2009.
[6] 姜艳. 有机化学实验. 第2版. 北京：化学工业出版社，2010.
[7] 王福来. 有机化学实验. 武汉：武汉大学出版社，2001.
[8] 李吉海. 有机化学实验. 第2版. 北京：化学工业出版社，2007.